AF389815

LES

MACHINES AGRICOLES

OUVRAGES DU MÊME AUTEUR

EN VENTE A LA LIBRAIRIE HACHETTE ET Cie

Les machines agricoles, par M. RINGELMANN. 3 séries à 50 c.

1re SÉRIE. — Culture, ensemencement, récolte.
2e SÉRIE. — Préparation des récoltes.
3e SÉRIE. — Machines diverses.

Coulommiers. — Imp. PAUL BRODARD.

LES
MACHINES AGRICOLES

3ᵉ SÉRIE

MACHINES DIVERSES

PAR

M. RINGELMANN

Professeur de génie rural à l'École nationale de Grignon
Directeur de la Station d'essais de machines agricoles

Ouvrage contenant 111 figures

PARIS

LIBRAIRIE HACHETTE ET Cⁱᵉ
79, BOULEVARD SAINT-GERMAIN, 79

1890

LES MACHINES AGRICOLES

CHAPITRE I

MATÉRIEL DES LAITERIES ET DES FROMAGERIES

Dans les exploitations rurales, le lait est soumis à différentes manipulations en vue de la vente ou de la préparation de ses dérivés. Les cultivateurs assez rapprochés des villes vendent en général le *lait* de leurs vaches tel qu'ils l'ont obtenu ; lorsqu'ils sont un peu éloignés, et lorsqu'ils ne vont à la ville qu'une ou deux fois par semaine, ils transforment le lait en *beurre* ; enfin, s'ils sont à une grande distance des centres de consommation, ils ont intérêt à chercher l'écoulement du produit sous forme de *fromage*.

Cent kilogrammes de lait contiennent en moyenne :

Beurre	$3^k,500$ à $4^k,500$.
Caséine	4^k.
Sucre de lait...................	4^k à $4^k,500$.
Sels minéraux et notamment du phosphate de chaux......	$0^k,600$ à $0^k,900$.
Eau............................	86^k à $87^k,500$.

Le beurre se trouve en suspension dans la masse du lait, sous forme de petites gouttelettes sphériques qui se réunissent et s'agglomèrent sous l'action du choc ; c'est cette propriété que nous verrons utiliser dans le barattage.

Le lait s'altère très rapidement ; aussi, tout de suite après la traite, il est filtré à travers des tamis en toile métallique qui en séparent les poils, les brins de paille, etc. ; souvent on opère ce filtrage à travers une toile.

Afin de conserver le lait, ce qui est important pour sa vente à l'état naturel, il faut le refroidir au moyen des *réfrigérants* (I). On prolonge encore sa conservation en été en le chauffant dans les *réchauffeurs à lait* (II).

Lorsque le lait doit être transformé en beurre, on commence à isoler les matières grasses qu'il renferme : c'est l'écrémage ; cette opération peut se faire dans des *appareils à crémer* (III) ou dans des *écrémeuses mécaniques*, encore appelées *écrémeuses centrifuges* (IV).

Une fois la crème obtenue, on la soumet au barattage dans des *barattes* (V) ; puis on lave le beurre dans des *délaiteuses* (VI) et on le pétrit dans des *malaxeurs* (VII). Au sortir de cette dernière machine, le beurre est marchand, et souvent on le met en pains à l'aide de *presses à beurre* (VIII).

La fabrication du fromage est excessivement variable suivant les produits que l'on veut obtenir ; les fromages dits à pâte cuite sont ceux qui exigent le matériel le plus complet : le lait est chauffé dans des *chaudières* (IX), puis mis en présure ; une fois caillé, on pétrit la masse soit à bras, soit à l'aide d'instruments appelés *moulins à caillé* (X) ; enfin, après ces différentes manipulations, les fromages sont mis dans des moules, et soumis à une pression dans des *presses à fromage* (XI).

Ce sont ces différents appareils que nous allons décrire dans ce chapitre.

I. Réfrigérants.

Dans les petites fermes on se contente de mettre le lait dans des vases que l'on plonge dans un bac rempli d'eau ou dans une eau courante. Lorsqu'on a une certaine quantité de lait à manipuler, on a intérêt à employer un appareil spécial.

L'organe essentiel du réfrigérant est formé de deux feuilles de cuivre étamé ondulées et parallèles (fig. 1) réunies par deux entretoises verticales; l'espace laissé libre entre ces plaques débouche à l'extérieur par deux orifices, l'un supérieur, l'autre inférieur, par lequel arrive de l'eau froide provenant d'un réservoir situé au-dessus du réfrigérant; l'eau circule en montant entre deux plaques de tôle et s'échappe par le haut. Le réfrigérant est monté sur un petit bâti de bois qui supporte (fig. 1) un réservoir dans lequel on met le lait à refroidir; celui-ci s'échappe par un robinet, s'étend sur le réfrigérant et coule en lame mince à l'extérieur des plaques ondulées refroidies par le courant d'eau; à la partie inférieure, le lait se réunit dans une rigole d'où il tombe dans un récipient. On règle le refroidissement du lait par le robinet du réservoir et par la quantité d'eau froide qui traverse l'appareil.

Le réfrigérant de Chapellier est basé sur le même principe, mais l'appareil est incliné et ne reçoit le lait à refroidir que sur la face supérieure; la réfrigération se règle au moyen des robinets d'arrivée de

l'eau froide et du lait, et suivant la pente du réfrigérant qui permet d'augmenter ou de diminuer la
vitesse du lait en maintenant plus ou moins longtemps ce dernier en contact de la paroi froide.

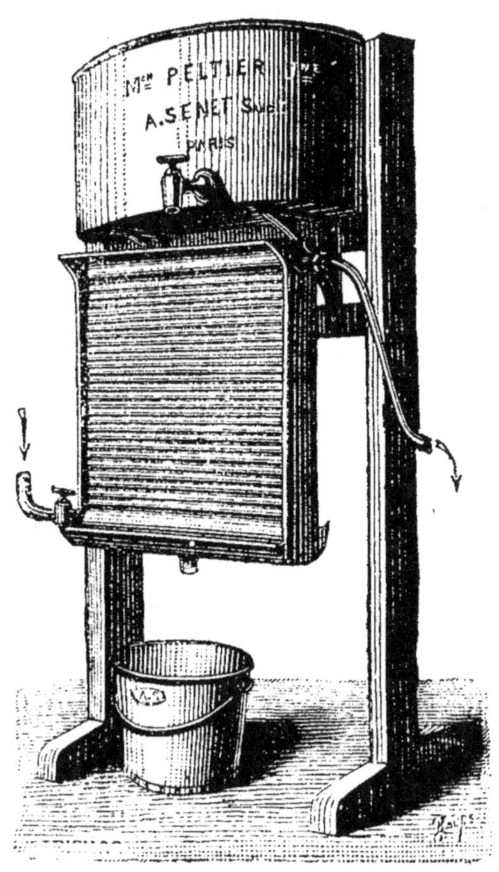

Fig. 1. — Réfrigérant à lait. (A. Senet.)

Les réfrigérants se construisent de toutes dimensions; les petits peuvent refroidir 100 à 150 litres de
lait à l'heure; les plus grands peuvent en traiter
1 250 litres dans le même temps.

II. Réchauffeurs.

Pour réchauffer le lait à une température de 60 à 70° centigrades, on peut employer les mêmes appareils décrits précédemment, en remplaçant l'eau froide

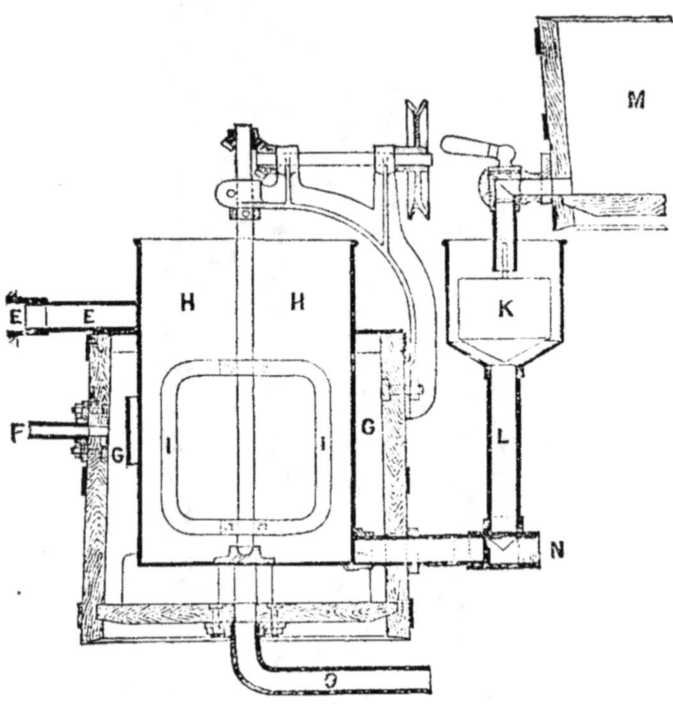

Fig. 2. — Coupe verticale du réchauffeur Fjord.

de circulation par de l'eau chaude, ou se servir du réchauffeur spécial imaginé par le célèbre docteur Fjord.

Ce réchauffeur (fig. 2) se compose d'une cuve H en cuivre étamé qui reçoit le lait à la partie inférieure par le tuyau N; après avoir traversé la cuve, le lait s'échappe par le tuyau horizontal E.

La cuve H est placée à l'intérieur d'un cylindre en bois G, et de la vapeur circule dans l'intervalle laissé libre entre les deux cuves. On emploie ordinairement la vapeur d'échappement du moteur de la laiterie. La vapeur arrive par le tube latéral F et s'échappe avec l'eau de condensation par le tuyau inférieur O.

A l'intérieur de la cuve H se meut un agitateur à palettes I monté sur axe vertical qui reçoit son mouvement d'un arbre horizontal par deux roues d'angle ; sur l'arbre horizontal est clavetée une poulie (que commande la transmission) qui fait 130 tours par minute. L'ensemble de l'appareil est monté sur un bâti ; un thermomètre permet de constater la température et par conséquent de régler l'écoulement du lait.

Dans l'appareil représenté fig. 2, le lait à réchauffer est mis dans un bac M d'où il se déverse par un robinet pour se rendre dans le tuyau N par le tube vertical L, qui se termine à la partie supérieure par un entonnoir dans lequel un flotteur K sert à régulariser le débit du lait.

Dans les petites exploitations on fait bouillir le lait dans des appareils analogues à celui décrit dans le 2e volume, fig. 88, p. 165 (appareils Drouot).

III. Appareils à crémer.

Dans la plupart des fermes, le lait est mis dans des terrines ou des écuelles ; le tout est laissé en repos dans une chambre spéciale, et au bout d'un certain temps la crème, plus légère que le restant du liquide. monte et se réunit à la surface ; on l'enlève alors avec une sorte de couteau ou cuiller en bois.

L'appareil à écrémer de Souchu-Pinet consiste en un simple bac en fer-blanc de 12 à 24 litres de capacité; lorsque la crème est montée, on accroche au rebord du bac un petit siphon que l'on amorce par aspiration; le petit lait s'écoule et la crème trop épaisse pour passer par le siphon reste dans le fond du bac.

Il y a intérêt à écrémer le plus complètement et le plus rapidement possible; ces desiderata sont obtenus lorsqu'on refroidit le lait pendant la montée de la crème. Voici, du reste, à ce sujet, les chiffres résultant des expériences de M. E. Tisserand (1876) :

Montée de la crème.

TEMPÉRATURE DU LAIT PENDANT LA MONTÉE DE LA CRÈME	TEMPS NÉCESSAIRE POUR OBTENIR LA TOTALITÉ DE LA CRÈME
14 à 15°	36 heures.
6°	24 —
2°	12 —

Quantité de lait refroidi pendant 36 heures, nécessaire pour obtenir 1 kilogramme de beurre.

LITRES DE LAIT POUR OBTENIR 1 KILOGRAMME DE BEURRE	TEMPÉRATURE A LAQUELLE EST RESTÉ LE LAIT PENDANT 36 HEURES
34 à 36 litres.	22°
28 à 32 —	14°
27 à 28 —	11°
25 à 26,5 —	9°
23 à 24 —	4°
21 à 22 —	2°

Dans le système Swartz, le lait est mis dans des vases métalliques profonds, placés les uns à côté des autres dans un réservoir en bois ou en maçonnerie; on entoure ces vases avec des morceaux de glace, ou, à défaut, on fait circuler un courant d'eau froide dans le réservoir.

Dans les petites laiteries, on peut placer les cuves en fer-blanc contenant le lait dans des bassins remplis d'eau froide (Souchu-Pinet, fig. 3, Herweg); lors-

Fig. 3. — Appareil à crémer. (Souchu-Pinet.)

qu'on a suffisamment d'eau à sa disposition, on peut établir une circulation (systèmes Moës; Souchu-Pinet). Dans l'appareil Cooley, le lait est placé dans des bidons cylindriques hermétiquement fermés (fig. 4); ces bidons sont complètement immergés dans un réservoir d'eau froide; après douze heures on les retire, et au moyen d'un siphon à robinet, placé à leur partie inférieure, on fait écouler le petit lait; un *niveau d'eau* formé par une glace prévient lorsqu'on arrive à la couche de crème, que l'on

enlève généralement par le haut de l'appareil. La
fermeture hermétique des bi-
dons Cooley est excellente et
empêche l'introduction des pous-
sières et des germes.

Tous ces appareils ne conviennent que lorsqu'on a à sa
disposition de la glace ou suffisamment d'eau froide, mais
lorsque la quantité de lait à
traiter par jour devient plus
importante, il est préférable
d'avoir recours aux écrémeuses
centrifuges.

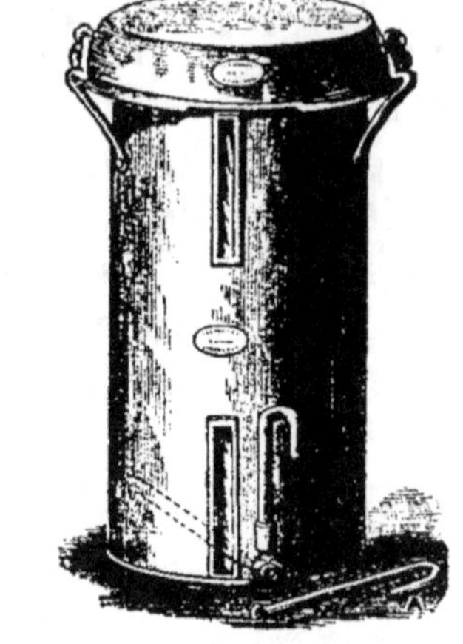

Fig. 4. — Appareil à cré-
mer. (Cooley.)

IV. Écrémeuses centrifuges.

« Depuis 1850, plusieurs personnes ont essayé de
construire des écrémeuses centrifuges, mais sans arriver, paraît-il, à un résultat absolument satisfaisant.
En 1868, M. Weston, de Boston, fit breveter une écrémeuse centrifuge, qui fonctionne actuellement encore
chez M. Burnett, fermier dans le Massachusetts (États-
Unis), et qui, à la vitesse de 1 500 tours par minute, peut
traiter 340 litres de lait par heure. » (HERVÉ-MANGON,
Communication du 13 février 1880 à la Société d'encouragement pour l'industrie nationale.)

D'après M. R. Lezé, l'idée est française et due à
M. de Mastaing, professeur à l'École centrale, qui
avait entrepris plusieurs essais; « l'ingénieur Lefeldt
n'a probablement jamais eu connaissance de ces
essais, interrompus par la mort prématurée de M. de
Mastaing, et c'est au constructeur allemand que
revient l'honneur d'avoir, en tous cas, appliqué ce

principe de la force centrifuge à la séparation de
la crème dans le lait. » (R. Lezé, *la Laiterie pratique*, 1887.)

L'écrémage mécanique du lait repose sur le principe de la *force centrifuge*, qui agit avec d'autant plus
d'intensité que le poids du corps qui y est soumis est
plus élevé. Si dans une turbine animée d'un rapide
mouvement de rotation on place un mélange de
deux liquides de poids spécifiques différents, le plus
dense s'appliquera contre les parois, le moins dense
restera du côté du centre de rotation et formera une
couche annulaire. Le lait étant composé de :

96 pour 100 de petit-lait, dont la densité moyenne
est de 1,036 ;

4 pour 100 de crème, dont la densité moyenne est
de 0,64066,
du lait mis dans une turbine se sépare en deux
couches : le petit-lait s'applique contre les parois,
et la crème reste du côté central ; au moyen de
tubes-siphons on extrait séparément ces deux couches. A la fin de l'opération on remarque contre la
paroi une couche, de coloration brune, formée par
les impuretés que le tamisage a été impuissant à
retenir.

Dans la pratique on rencontre surtout les écrémeuses provenant de trois constructeurs : de Laval,
Lefeldt, Burmeister et Wain.

Dans l'écrémeuse Laval, représentée en coupe
fig. 5, le lait coule par un robinet dans l'entonnoir *a*
placé dans l'axe d'un sphéroïde A en acier, de 0,25
de diamètre intérieur, muni d'une ailette en tôle afin
de communiquer plus facilement au liquide le mouvement de rotation. A mesure de leur séparation, le
lait maigre chassé par le tuyau *b* se rend par l'orifice *c* dans l'espace annulaire B, tandis que la crème

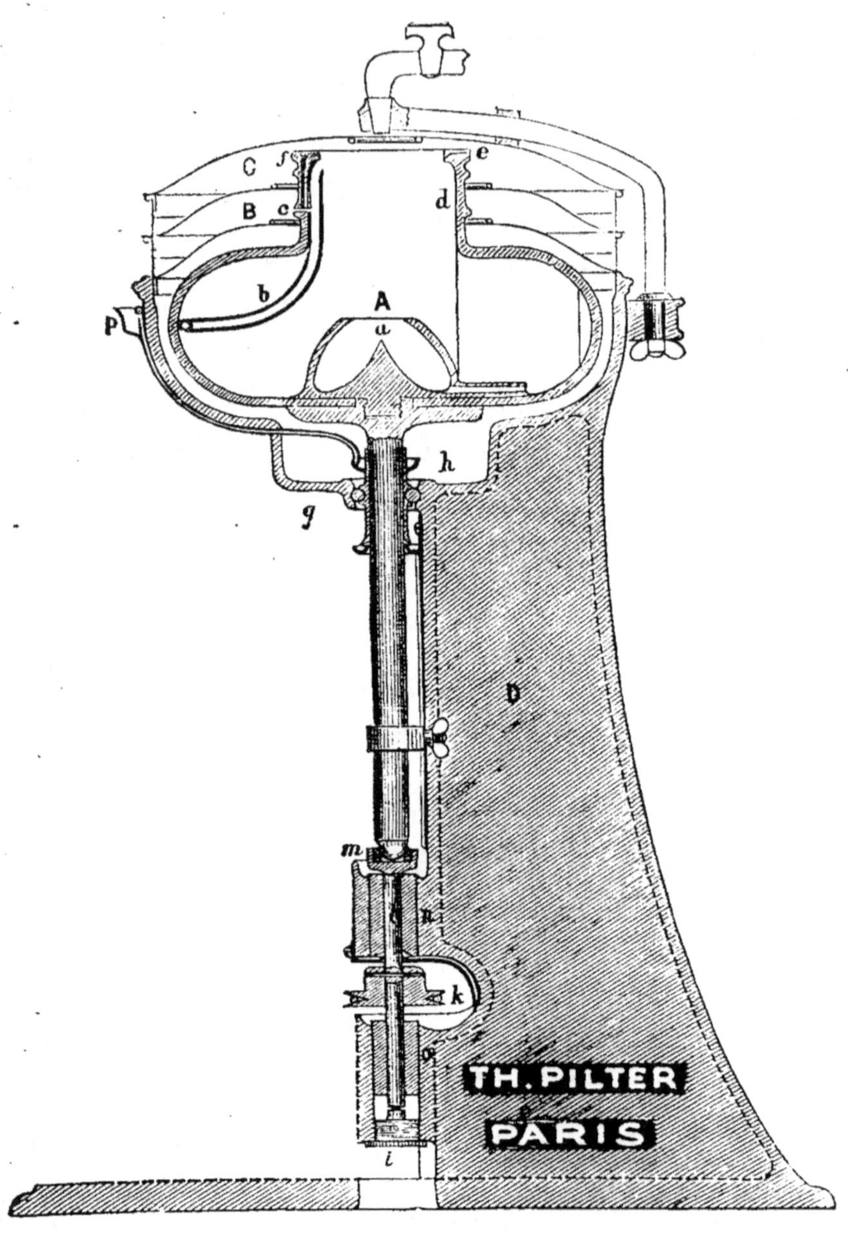

Fig. 5. — Coupe verticale de l'écrémeuse Laval.

remonte le long de la paroi d et débouche à la partie supérieure ef de la turbine, dans l'enveloppe C.

Le sphéroïde, capable de supporter une pression de 30 atmosphères, est mis en mouvement par l'arbre $h\,m\,l\,o$, composé de deux parties réunies en m par une crapaudine en bois dur (buis); la partie inférieure porte une poulie à gorge k qui reçoit le mouvement du moteur; la vis de réglage i compense l'usure du pivot de l'arbre o.

La turbine tourne à l'intérieur d'une cuvette g venue de fonte avec le bâti de la machine, formé par un montant D et une large semelle qui se boulonne sur une charpente ou sur une pierre de fondation; en P se trouve un réservoir d'huile chargée de lubrifier, par des conduits, les coussinets $h\,n$ et o.

Le mouvement est transmis par un intermédiaire qui fait 600 tours à la minute; ce dernier est muni d'un débrayage à ressort et placé à une distance de 3 à 3 m. 50 de l'écrémeuse. La turbine tourne avec une vitesse de 6 000 tours par minute, écrème 250 litres de lait par heure et exige une force de 3/4 à 1 cheval vapeur. La figure 6 représente l'ensemble de l'écrémeuse avec l'intermédiaire ainsi que le réservoir à lait et les deux bidons qui reçoivent, l'un (celui de gauche) le lait maigre, l'autre la crème.

Dans l'écrémeuse danoise Burmeister et Wain (fig. 7 et 8), la turbine est formée par un cylindre en acier monté sur un arbre vertical très court afin de diminuer les vibrations de la machine, qui est très basse; le graissage de l'arbre a lieu par la partie supérieure; le lait maigre et la crème sont extraits de la turbine par deux tubes-siphons réglables pendant la marche et avec une grande exactitude, ce qui permet d'obtenir des qualités différentes de crème. La transmission a lieu par courroie; l'intermédiaire est muni d'un rouleau tendeur et d'un régulateur de

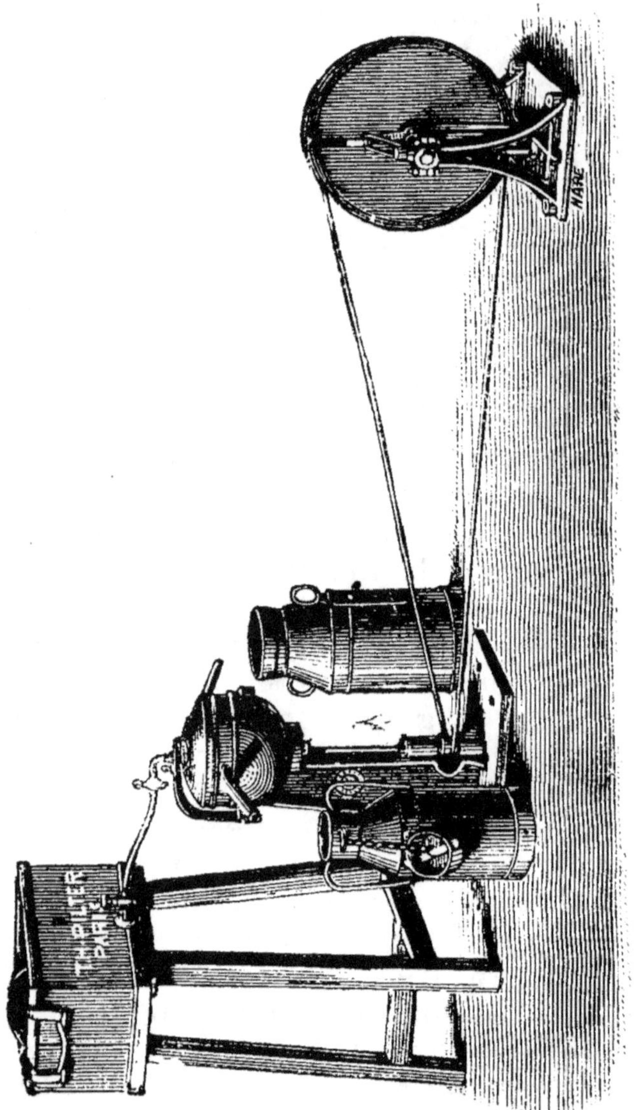

Fig. 6. — Installation d'une écrémeuse Laval.

vitesse. Les écrémeuses Burmeister demandent des vitesses variant de 4 000 à 1 900 tours à la minute et écrèment de 75 à 800 litres à l'heure en exigeant une force de 1/2 à 1 et 1/2 cheval-vapeur.

Dans l'écrémeuse Laval présentée par M. Th.

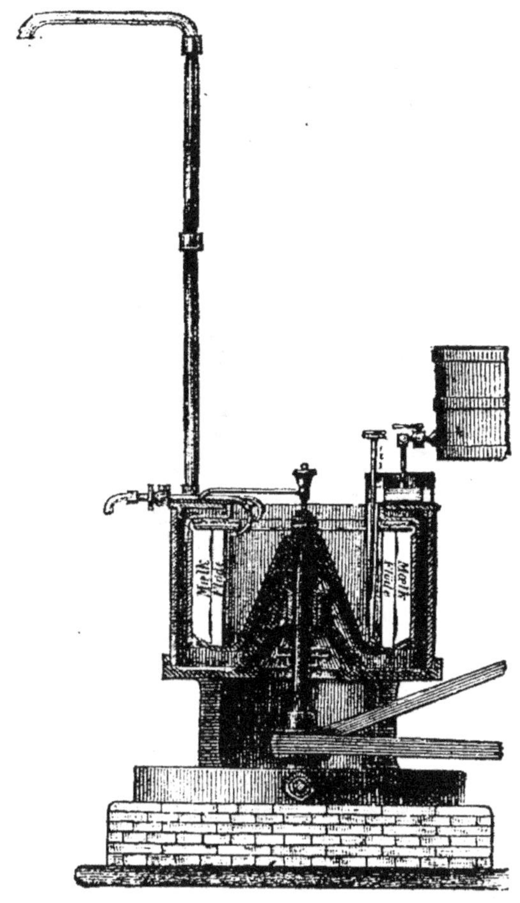

Fig. 7. — Coupe de l'écrémeuse Burmeister et Wain.

Pilter au Concours général de Paris en 1887, l'intermédiaire est supprimé; elle n'exige plus qu'une chaudière envoyant la vapeur à une pression de 3 atmosphères dans un mécanisme à réaction, basé sur le principe du *tourniquet hydraulique*, monté directement sur l'arbre de la centrifuge et placé dans le socle de la machine.

On a construit de petites écrémeuses à bras et à

Fig. 8. — Écrémeuse Burmeister et Wain.

pédales traitant 100 à 130 litres par heure; leur principe est le même que celui des grandes centrifuges; leur turbine est montée sur un axe horizontal ou vertical et est mise en mouvement par des engrenages.

Voici quelques chiffres que nous avons relevés aux essais de l'Exposition universelle.

DÉSIGNATION DES MACHINES	LAIT TRAITÉ PAR LA MACHINE EN 1 HEURE	RENDEMENT	
		en crème.	en lait écrémé.
	Kilogr.	Kilogr.	Kilogr.
Pilter Laval à vapeur[1].	376.700	52.700	324.000
Pilter Laval à bras, horizontale.	146.800	25.200	121.600
Pilter Laval à bras, verticale.	50.700	8.100	42.600
London and Provincial Dairy C° à moteur[2].	278.500	32.500	246.000
Hignette, grand modèle, à moteur[3].	835.000	106.800	728.200
Hignette, petit modèle, à moteur[4].	393.400	37.000	356.400
Burmeister et Wain, à bras[5].	184.652	16.328	168.324

1. Machine mue par un tourniquet à vapeur. (L'axe de l'écrémeuse, par un engrenage hélicoïdal, commandait une petite pompe centrifuge chargée d'élever le lait écrémé dans la fromagerie.)

2. Machine analogue à la Laval (fig. 8); l'intermédiaire est monté sur le même socle que la centrifuge.

3, 4. Machines système Burmeister et Wain.

5. Nouvelle machine; la manivelle fait 45 tours et la turbine 7 000 à la minute. (Voir *Journal d'agriculture pratique*, 1889, t. I. p. 205, et t. II. p. 190.)

Il est bon d'admettre dans la centrifuge le lait chauffé à 20 ou 24°. La crème doit être refroidie aussitôt sa sortie de la machine et autant que possible à la température du barattage; le lait maigre peut être également refroidi pour en assurer la conservation.

Les centrifuges permettent d'obtenir du lait 10 à

12 pour 100 de plus de beurre que les autres systèmes d'écrémage. Voici à ce sujet les résultats de douze mois d'expériences du professeur Fjord.

**Nombre de kilogrammes de lait pour obtenir
1 kilogramme de beurre.**

PROCÉDÉS D'ÉCRÉMAGE	MINIMUM	MAXIMUM	MOYENNE
	Kilogr.	Kilogr.	Kilogr.
Écrémeuse centrifuge...	23,4	25,8	24,4
Barattage du lait doux..	25,4	28,2	26,7
Glace durant 34 heures..	25,8	29,2	27,5
Glace durant 10 heures..	27,6	31,4	29,5
Eau durant 34 heures...	28,8	25,0	32,4

V. Barattes.

On a proposé plusieurs classifications relatives aux barattes, mais je crois qu'on peut diviser ces machines en deux groupes :

1° Celui qui comprend les barattes formées d'un récipient fixe dans lequel fonctionne un agitateur de forme quelconque.

2° Celui formé par les barattes dont le récipient, qui reçoit la crème ou le lait, est animé d'un mouvement.

On peut baratter soit la crème fraîche sortant de la centrifuge, soit la crème acidifiée, soit enfin le lait acidifié. Dans chacun de ces cas, il convient de travailler à une température donnée pour obtenir le meilleur rendement; voici, d'après **M.** le professeur R. Lezé, ces températures :

Crème douce.................. 10 à 13°
Crème acidifiée.............. 18°
Lait acidifié................ 15°

Il convient donc d'employer des barattes dans

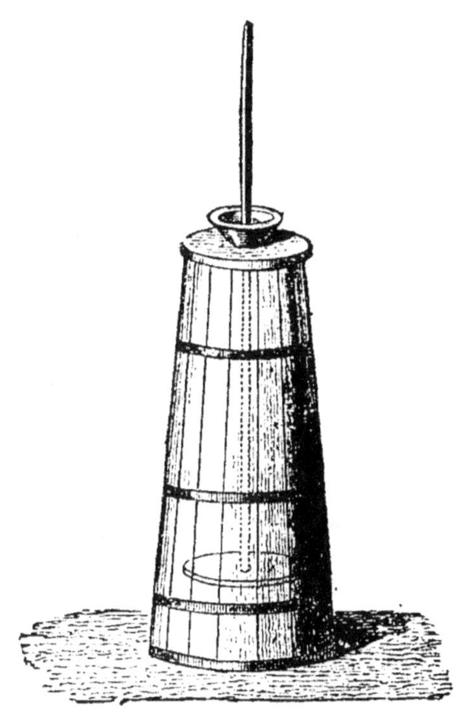

Fig. 9. — Baratte à piston.

lesquelles on peut régler la température. D'une façon générale les barattes ne doivent être remplies qu'aux deux tiers de leur capacité totale. La durée du barattage est variable; en moyenne elle est de 30 à 45 minutes.

1ʳᵉ CATÉGORIE. — La baratte ordinaire la plus ancienne et la plus répandue dans nos campagnes, notamment en Bretagne, appartient à cette catégorie ; on la désigne sous le nom de *ribot*. Elle est formée d'un récipient tronconique en bois (fig. 9) ou d'un vase en grès, fermé par un couvercle au centre duquel passe un manche portant à sa partie infé-

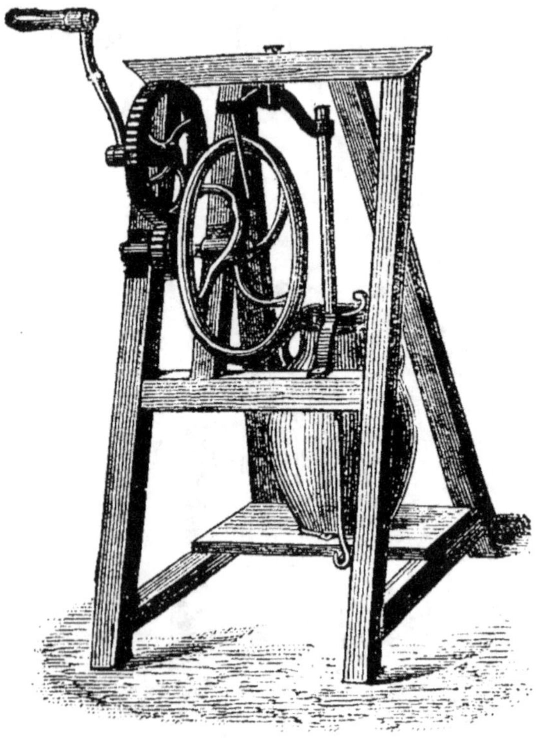

Fig. 10. — Baratte dite ribot mécanique. (Souchu-Pinet.)

rieure un disque circulaire ou piston en bois percé de trous (*bat-beurre*, *baratton*, *ribot*, etc.); le piston se manœuvre à la main et dans le plan vertical ; on donne 50 à 70 coups par minute.

Au lieu de faire mouvoir le piston à la main, on lui communique le mouvement à l'aide d'une bielle et d'une manivelle (fig. 10). Dans ces machines, le récipient est ordinairement formé d'un vase en grès

ou en verre que l'on peut plonger dans un réservoir en fer-blanc formant bain-marie, dans lequel
on met, suivant la saison, de l'eau froide ou de l'eau
chaude.

L'agitateur alternatif des machines précédentes a
été remplacé par un agitateur animé d'un mouve-

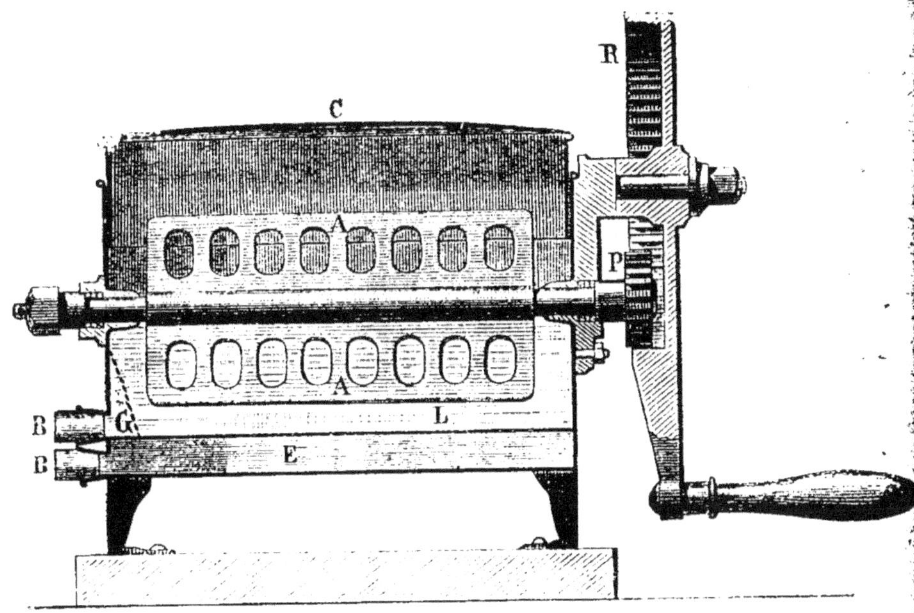

Fig. 11. — Coupe de la baratte Girard.

ment circulaire continu. Dans ce cas, l'axe de l'agitateur est horizontal ou vertical.

L'idée générale des barattes à agitateur intérieur
horizontal peut être donnée par la machine Girard
(fig. 11). Dans le récipient demi-cylindrique CL tournent des ailettes A mises en mouvement par la roue-
manivelle à denture intérieure R et le pignon P. La
crème est placée en L; la partie inférieure de la
baratte est entourée d'une enveloppe E formant

bain-marie, dans laquelle on met de l'eau chaude ou froide; la baratte est fermée par le couvercle C; en BB sont les orifices par lesquels on vide le bain-marie et la baratte.

On construit de ces barattes sans bain-marie, avec enveloppe en bois de différentes formes. En général, ces machines ne sont pas à conseiller, car la crème s'échappe par les coussinets de l'arbre portant les ailettes; l'huile de graissage peut pénétrer dans l'intérieur du tonneau et se mélanger au beurre en lui communiquant un goût désagréable.

Les barattes à agitateur à axe vertical sont les meilleures de cette catégorie : ce sont celles qu'on rencontre le plus fréquemment dans les grandes laiteries; on les désigne généralement sous le nom de barattes danoises ou du Holstein.

Dans ces machines, le récipient fixe a la forme d'un tronc de cône (fig. 12), mobile dans le plan vertical autour de deux tourillons reposant dans deux coussinets de fonte fixés au bâti; un crochet maintient le récipient dans la position voulue. A la partie supérieure du bâti se trouve un arbre horizontal à manivelle ou à poulies fixe et folle suivant le moteur employé; l'arbre horizontal transmet le mouvement à un arbre vertical qui, par une bague ou un manchon, s'accouple avec un axe vertical en bois portant deux ailettes radiales dont la réunion a la forme d'un trapèze; ces ailettes, qui font 120 à 150 tours par minute, projettent la crème contre d'autres ailettes fixes, au nombre de 3 ou 4, placées à l'intérieur, dans le sens des génératrices et contre la paroi du tonneau. Lorsque le beurre est obtenu, on enlève l'arbre des ailettes, et on incline le récipient.

La baratte avec *appareil à tempérer* de G. Van Hecke est analogue à la précédente, mais reçoit intérieurement une double enveloppe étamée mobile qui

Fig. 12. — Baratte danoise. (Th. Pilter.)

porte les ailettes fixes; on peut faire circuler dans
cette enveloppe soit de l'eau froide, soit de la vapeur.

Les petites barattes danoises, d'une contenance totale de 30 à 100 litres, sont à bras; l'arbre vertical porte à sa partie supérieure un volant horizontal; celles qui cubent de 125 à 500 litres sont à poulies et fonctionnent au moteur (fig. 12).

La baratte Pilter (Exposition universelle de 1889) est actionnée par un tourniquet à vapeur (comme l'écrémeuse, voir p. 14) tournant dans le plan vertical et commandant l'axe de l'agitateur par une vis sans fin et une grande roue horizontale.

2e CATÉGORIE. — Les barattes de cette catégorie, à mouvements alternatifs, sont surtout représentées par celles du type dit *à berceau* : le réservoir parallélépipédique à angles arrondis n'a aucun organe interne; il est suspendu par des bielles, et à la main, sans fatigue, on lui imprime un mouvement de balancement. A chaque oscillation il se produit un choc à l'intérieur. Cette baratte est très répandue en Amérique et en Angleterre (pays de Galles, comté d'Aberdeen), où elle était déjà connue au commencement du siècle.

En général on préfère celles qui sont animées d'un mouvent circulaire continu ; telle est l'ancienne baratte-tonneau très employée en Normandie sous le nom de *serène*.

Dans ces barattes il y a, à l'intérieur, des palettes fixes qui jouent le rôle de batteurs et contre lesquelles vient butter la crème.

Ces machines affectent souvent la forme cylindrique: baratte-tonneau, normande, Durand, Lefeldt, etc. La figure 13 représente la baratte-tonneau Simon pour fonctionner directement avec un manège à terre dont l'arbre moteur se voit articulé sur la droite.

La poulie de commande de la baratte peut glisser horizontalement, à l'aide d'un petit volant à main, afin de régler la vitesse du tonneau selon qu'on commande par l'une ou l'autre des extrémités du

Fig. 13. — Baratte-tonneau. (Simon.)

cône ; la mise en marche ou l'arrêt s'obtient à l'aide d'un levier à contrepoids qui élève ou abaisse l'arbre du cône.

Le modèle de 1889 est pourvu d'une *éprouvette*, appareil qui permet de prélever à chaque instant un échantillon sans arrêter la marche de la machine; et d'une bonde spéciale qui ne laisse écouler que le petit-lait.

Souvent le cylindre est remplacé par un prisme à base polygonale (baratte Fouju). La figure 14 représente une baratte Chapelier dite *thermométrique*. Cet excellent modèle porte à l'intérieur un cylindre métallique fermé par un obturateur à vis de pression jouant le rôle de bain-marie et dans lequel, suivant les cas, on met de l'eau froide ou de l'eau chaude; un thermomètre plonge également à l'intérieur de la machine et permet de suivre la température de la crème.

Fig. 14. — Baratte polyédrique. (Chapelier.)

La baratte A. Baquet (Exposition universelle de 1889) est un tonneau tronconique à axe incliné; un arbre horizontal reçoit les poulies de commande et actionne la baratte par un engrenage d'angle; cette dernière est en outre soutenue par deux galets. La partie supérieure (qui forme la petite base du cône) est obturée par un couvercle qu'on peut enlever, pour la surveillance, vers la fin de l'opération.

A l'Exposition universelle (1889) la London and Provincial Dairy C° présentait la baratte « Speedwell » à bocaux cylindriques en cristal (machine propre à essayer consécutivement la qualité des laits de diverses provenances), et la machine George Hathaway, formée par un tonneau dont l'axe de rotation passe un peu obliquement par rapport à la bonde. Une des bases du tonneau est mobile et forme couvercle, maintenu par trois vis de pression. — Cet excellent modèle, absolument dépourvu d'ailettes ou de pièces mobiles intérieures, est à recommander.

Ces barattes rotatives font en général 40 à 45 tours par minute.

VI. Délaiteuses.

Le beurre que l'on retire de la baratte à l'état de grumeaux plus ou moins gros retient une certaine quantité de petit-lait, qu'il est important d'enlever, afin d'assurer la conservation du produit, ce petit-lait s'acidifiant facilement. Le délaitage se fait souvent en pétrissant le beurre sous un filet d'eau, mais il est préférable d'avoir recours à des machines spéciales qui commencent à se répandre en France.

En principe, la délaiteuse Th. Pilter (fig. 15) se compose d'un sac en toile fixé à une turbine animée d'un mouvement rapide de rotation autour d'un axe vertical : la toile retient les globules butyreux, et le petit-lait s'échappe sous l'action de la force centrifuge; en faisant arriver de l'eau fraîche dans l'appareil, on lave le beurre complètement. La turbine tourne dans un bâti en fonte et est mise en mouvement par une manivelle ou par un moteur. La figure 15 représente une délaiteuse à moteur; la commande a lieu par courroie sur un arbre horizontal et deux roues coniques à friction; on voit sur la gauche de la figure le levier de débrayage des cônes, et en haut, sur la droite, un levier qui commande un frein à ruban destiné à obtenir l'arrêt rapide de la turbine.

L'appareil à succion de Hignette peut servir au délaitage du beurre. Cette machine, ainsi que le

Fig. 15. — Délaiteuse à moteur. (Pilter.)

représente la vue en coupe (fig. 16), se compose d'un récipient A dont les parois c sont garnies de caoutchouc b ; le fond est formé d'une toile métallique très fine d reposant sur un siège v qui, par l'ajutage a et la tubulure f, communique avec le tuyau h d'une pompe à air chargée de faire le vide dans la machine ; un robinet *g* à trois voies permet la mise en marche ou l'arrêt. Une brosse rotative formant agi-

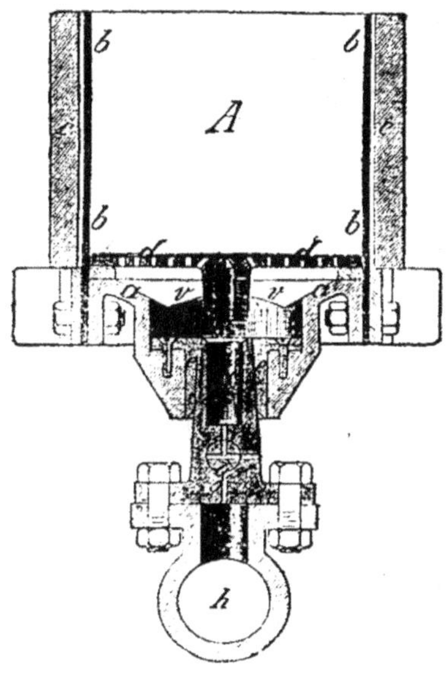

Fig. 16. — Délaiteuse à succion. (Hignette.)

tateur frotte sur la toile métallique et la débarrasse des impuretés qui viendraient l'obstruer. (Cette brosse n'est pas représentée dans la figure 16.)

VII. Malaxeurs.

Le beurre délaité doit être pétri ou malaxé afin d'agglomérer les globules butyreux, et d'en former une pâte ferme et compacte exempte des pores si nuisibles à sa conservation ; enfin il faut éviter de toucher le produit avec les mains, ce qui lui communiquerait un goût désagréable.

Le malaxage s'effectue avec des spatules dans une auge en bois. Dans les petites laiteries on place le beurre sur une planchette à rebords et on le roule avec un cylindre cannelé muni de poignées.

Le malaxeur Lefeldt est formé de deux rouleaux

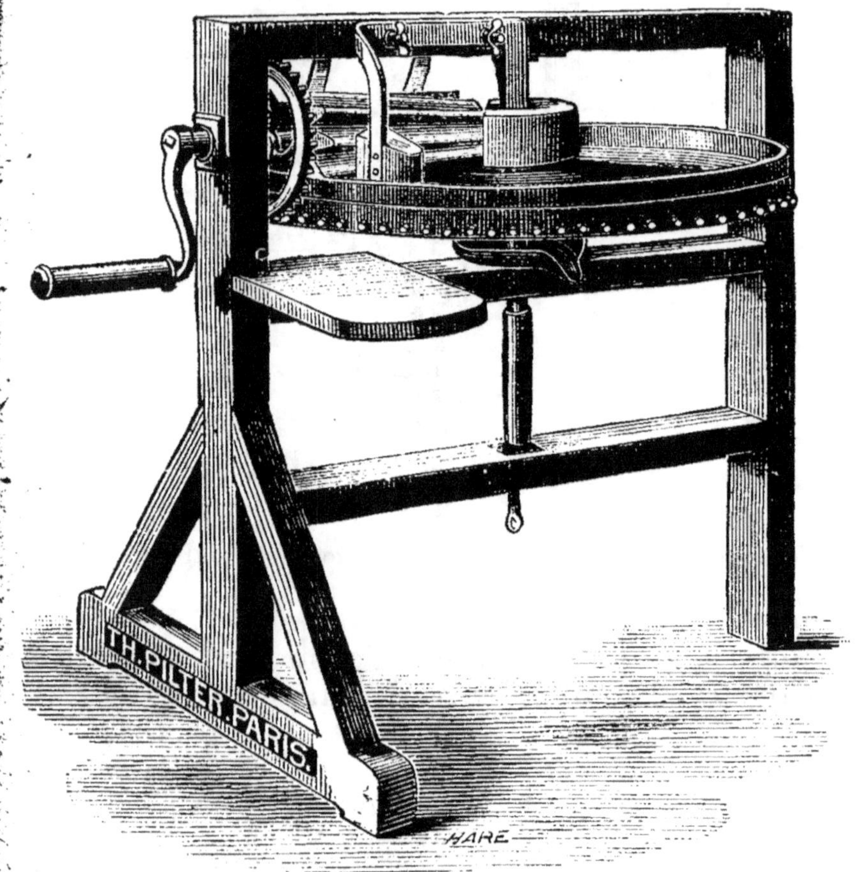

Fig. 17. — Malaxeur rotatif. (Pilter.)

lisses dont l'ensemble présente une grande analogie avec les aplatisseurs de grains [1].

1. Voir, à ce sujet, 2e volume. *Machines agricoles*, p. 95.

Dans les laiteries assez importantes on a avantage à employer un malaxeur rotatif. Ce dernier se compose (fig. 17) d'une table circulaire en bois légèrement conique, animée d'un mouvement rotatif autour d'un axe vertical. Suivant un de ses rayons se trouve un rouleau conique cannelé, à axe horizontal; le beurre, étalé sur la table, est laminé et étiré lors de son passage sous le rouleau; des guides et un détacheur complètent la machine.

Dans le malaxeur Pilter (fig. 17) la manivelle ou les poulies sont montées sur le cône cannelé et commandent la table par une couronne dentée; dans la machine Alborn, la transmission à la table a lieu par engrenages d'angle placés en dessous; dans le malaxeur Chapelier, la commande a lieu par une chaîne à la Vaucanson; de cette façon on peut régler la hauteur de la table suivant la quantité de beurre à malaxer, et une machine construite pour travailler 5 kilogrammes de beurre, par exemple, peut servir exceptionnellement pour traiter une quantité double. — La hauteur de la table se règle avec une vis de pression qui agit sur l'arbre vertical.

Le malaxeur Simon, qui consiste en un tonneau dans lequel tourne un axe vertical garni de palettes concaves en bois, est surtout une machine industrielle destinée à mélanger les beurres de différentes provenances et qualités, pour saler et donner un goût et une coloration uniformes au produit.

VIII. Presses à beurre.

Au sortir du malaxeur, le beurre est marchand, il est mis en *mottes* entourées de mousseline. Souvent on lui donne une forme spéciale pour le commerce de détail en le pressant en mottes d'une livre ou d'une demi-livre.

Parmi les presses à beurre, nous citerons celle de

Fig. 18. — Presse à beurre. (Th. Pilter.)

Pilter (fig. 18), qui est la plus répandue; elle se compose d'un piston en bois entraîné par un levier manœuvré dans le plan vertical; le moule porte des dessins ou la marque de la laiterie.

A l'Exposition universelle de 1889, cette presse fonctionnait au moteur au moyen d'une courroie qui actionnait un arbre dont la manivelle, par l'intermédiaire d'une bielle, animait le piston d'un mouvement rectiligne alternatif. Cette machine pouvait faire à l'heure 300 pains de beurre pesant 500 grammes et au-dessous.

IX. Chaudières de fromagerie.

La fabrication des fromages exige que le lait soit mis en présure à une certaine température; souvent le caillé est cuit.

Dans certaines installations élémentaires, telles que les *chalets*, *fruitières*, *burons*, etc., on chauffe le lait dans une marmite à feu nu; la marmite est suspendue à une potence et on l'éloigne ou la rapproche du feu selon la température à obtenir. Il est préférable de chauffer au bain-marie, à l'eau chaude ou à la vapeur.

En général on emploie des cuves hémisphériques en cuivre rouge étamé fixées à l'intérieur d'une cuve en chêne formant double fond, dans lequel on fait arriver la vapeur provenant d'un générateur [1].

Fig. 19. — Chaudière de fromagerie. (Deroy.)

Certaines chaudières (Deroy; Egrot) sont complètement en cuivre étamé (fig. 19). La chaudière 1 est portée par trois colonnes 3, et munie d'un double fond, dans lequel la vapeur pénètre par le tube 5 et s'échappe par le tube 6 ainsi que l'eau de condensation; en 4 est le robinet de vidange de la chaudière 1.

1. Voir, à ce sujet, Chaudières, *Machines agricoles*, 2ᵉ volume, p. 22.

La chaudière à double fond à bain-marie chauffé par la vapeur est représentée par la figure 20. En voici la légende : 1, chaudière en cuivre étamé à l'intérieur; 2, chaudière extérieure en tôle formant bain-marie dans lequel on fait arriver l'eau par l'entonnoir 6; en 7, robinet de jauge, et 10, robinet de vidange du bain-marie ; l'eau du bain-marie est chauffée par la vapeur circulant dans le serpentin 3; en 4 est l'arrivée, et en 5 est la sortie de la vapeur. La chaudière 1 se vide par le bouchon à vis 9 et le robinet de vidange 8. L'ensemble est porté par trois petites colonnes 11. Ces chaudières se construisent de toutes grandeurs, de 100 à 1 000 litres de capacité.

Fig. 20. — Chaudière à bain-marie chauffé à la vapeur. (Deroy.)

Certains appareils (L. Douillard) sont chauffés par l'eau bouillante produite dans une chaudière à feu nu; une pompe de reprise d'eau renvoie à la chaudière l'eau qui a servi à réchauffer le lait.

X. Moulins à caillé.

Lorsque le caillé est pris ou cuit, suivant le genre de fabrication adopté, on le pétrit en le malaxant à bras ou à l'aide d'instruments formés de grillages en fils de cuivre, garnis de manches ou de poignées.

Dans les grandes fromageries on commence à utiliser des machines spéciales très employées en Allemagne. Ces moulins, imaginés par Robert Barlas, se composent d'une trémie dans laquelle on met le caillé;

Fig. 21. — Moulin à caillé. (Pilter.)

le fond de la trémie est formé par une grille entre les barreaux de laquelle passent des lames fixées sur un cylindre monté sur un arbre horizontal. Le principe de ces machines est analogue à celui du broyeur de tubercules de Pécard [1]. L'ensemble est monté sur un bâti en bois ou sur un bâti en fonte (fig. 21).

Les petits moulins à caillé (semblables aux précédents) sont fixés sur deux longrines de bois : ils se placent directement au-dessus des cuves à fromage.

Lorsque le caillé est malaxé, il renferme encore une certaine quantité de petit-lait, qu'il faut enlever par un égouttage. — On emploie à cet effet et avec avantage l'appareil à succion de Hignette décrit à la page 27 (fig. 16), à l'occasion du délaitage du beurre. Déjà en Angleterre, vers 1830, on se servait d'une machine analogue basée sur le même principe, imaginée par M. Robinson, secrétaire de la Société royale d'Edimbourg ; elle était connue sous le nom de *presse pneumatique à fromages*.

XI. Presses à fromages.

Les fromages cuits sont mis en moules, puis salés et, afin de leur donner une consistance ferme, soumis à une pression.

Le plus souvent on a recours à des presses très élémentaires que l'on charge à l'aide de pierres. On commence à faire usage de presses perfectionnées à pression constante et réglable, très répandues en Allemagne et en Angleterre, où elles furent inventées vers 1835.

Dans la presse anglaise de Carson (fig. 22), un poids en fonte agit sur deux leviers combinés, dont le second porte un écrou dans lequel tourne une vis verticale ; la vis repose à sa partie inférieure sur un pla-

1. Voir *Machines agricoles*, 2e volume, p. 170.

teau à poignées qui presse sur les moules à fromage; le plateau coulisse entre les deux montants, et la vis n'a d'autre but que de régler la hauteur du plateau suivant l'épaisseur des fromages à presser.

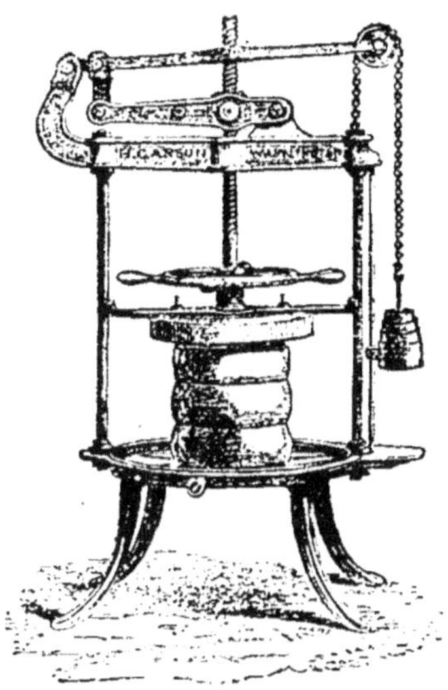

Fig. 22. — Presse à fromages. (Carson.)

On établit ces presses simples comme celle représentée par la figure 22. Les grands modèles sont doubles ou triples, montés sur le même bâti, et se composent de la réunion de deux ou de trois presses élémentaires précédemment décrites.

CHAPITRE II

PÉTRINS MÉCANIQUES

La fabrication du pain ou panification comprend 3 périodes :

1° La *période d'hydratation*, pendant laquelle on mélange la farine avec de l'eau, du sel et du levain afin d'obtenir la *pâte*.

2° La *période de fermentation*, durant laquelle les matières sucrées de la farine (12 pour 100) se transforment, sous l'influence du levain, en alcool, qui donne au pain un arome particulier, et en acide carbonique, qui soulève la masse spongieuse de la pâte constituée par le gluten de la farine.

3° La *période de coction*, pendant laquelle on soumet la masse panaire à l'action de la chaleur dans des *fours* chauffés à 300°. La cuisson arrête la fermentation du pain, torréfie légèrement la surface, qui constitue la croûte, produit une certaine quantité de dextrine, qui augmente la digestibilité du pain, en même temps qu'une partie de l'eau de la pâte s'évapore et que le gluten se coagule.

De toutes les phases de la fabrication du pain, la première, c'est-à-dire la préparation de la pâte, est la plus pénible.

La pâte se fait souvent à bras dans des coffres en bois ou pétrins. Le garçon boulanger, enfermé dans une pièce où la température est au moins de 20°, est forcé de travailler nu; son corps se couvre d'une sueur abondante qui se mélange à la pâte. Les efforts qu'il est tenu de faire pour soulever et battre la pâte lui arrachent des cris et des gémissements, qui lui ont valu le nom si expressif de *geindre*. Le travail musculaire considérable qu'il faut développer indique qu'il est impossible d'employer des femmes pour la préparation de la pâte, et, dans les campagnes où cela se pratique encore trop fréquemment, le pétrissage incomplet donne un pain lourd et indigeste.

Aussi, dans les exploitations rurales qui ont une certaine quantité de pain à fabriquer, tend-on à employer des pétrins mécaniques déjà en usage dans les boulangeries et les manutentions.

Il était déjà question des pétrins mécaniques vers le milieu du siècle dernier (1760, Salignac); on fait donc remonter à tort l'origine de ces machines au boulanger parisien Lembert qui présenta un spécimen (en 1811, à la Société d'encouragement à l'industrie nationale), lequel a reçu le nom de *lembertine*.

Nous n'insisterons pas sur les nombreux modèles de pétrins préconisés depuis la lembertine, qui, pour la plupart, furent rejetés par la pratique par suite de la trop grande difficulté du nettoyage, ou dans lesquels il y avait des angles nuisibles à la complète transformation de la farine et de l'eau en une pâte homogène, condition essentielle d'un bon pétrissage.

Les pétrins les plus recommandables sont à cuve demi-cylindrique, annulaire à section trapéziforme, ou sphérique. Les organes mécaniques chargés d'opérer le pétrissage sont animés d'un mouvement circulaire continu ou de mouvements alternatifs.

Dans le pétrin Boland, construit par Arbey, la cuve est demi-cylindrique. La figure 23, qui représente ce pétrin avec une déchirure de la cuve, montre l'arbre horizontal qui traverse cette dernière. L'arbre porte

Fig. 23. — Pétrin Boland.

deux palettes contournées en hélice, diamétralement opposées; dans le mouvement de rotation, une hélice ramène la pâte à droite, l'autre la reprend pour la porter à gauche de la cuve en la malaxant. Les hélices sont mises en mouvement par engrenages et font un tour pour huit de la manivelle motrice. A la fin de l'opération, la cuve, dans les grands modèles, peut basculer au moyen d'engrenages et déverser la pâte dans un petit chariot. A bras, ces pétrins contiennent de 80 à 150 kilogrammes de pâte ; au moteur ils peuvent en contenir de 250 à 350 kilogrammes.

Le pétrin Deliry, qui est très estimé, consiste en

Fig. 24. — Pétrin Deliry.

un bassin annulaire à section trapéziforme tournant lentement autour d'un axe vertical (fig. 24). A l'intérieur se trouvent : 1° un *pétrisseur* en forme de lyre, tournant dans le plan horizontal, destiné à *fraser* et à découper la pâte ; 2° deux *allongeurs* de forme hélicoïdale, tournant dans le plan vertical, qui élèvent la pâte, l'étirent et la soufflent en tous sens. Chacun de ces trois organes peut être mis séparément en mouvement à l'aide d'embrayages, afin de régler le travail suivant la nature de la pâte à obtenir. La cuve se nettoie constamment d'elle-même à l'aide d'un coupe-pâte qui y est adapté.

Les pétrins Deliry sont mis en mouvement par courroie; on en a construit à manège direct. La cuve a un diamètre variant de 1 m. 10 à 1 m. 90 et peut contenir de 75 à 500 kilogrammes de pâte.

Le pétrin système Bureau (1884), construit par Lotz, a plusieurs analogies avec le Deliry et la machine de Louis Lebaudy (1878).

Ce pétrin se compose d'une cuve en bois A (fig. 25) à section trapéziforme, tournant autour d'un axe vertical III. D'un côté de la cuve se trouve un découpeur-souffleur en fer B qui produit le malaxage de la pâte. Un arbre horizontal moteur L, mis en mouvement par un volant-manivelle, porte deux roues dentées E F de diamètres différents. On peut à volonté faire varier la vitesse du découpeur B relié par l'arbre C au double pignon D, en faisant engrener la roue D avec l'engrenage E ou F, en déplaçant horizontalement ces derniers sur l'arbre L. La rotation de la cuve se produit automatiquement par la seule action du malaxeur B sur la pâte adhérente aux parois. Le bâti N G O P est en bois avec arcs-boutants en fer. Les cuves de ces pétrins varient de 0 m. 60 à 1 m. 50 de diamètre et peuvent contenir de 40 à 230 kilogrammes de pâte.

Le pétrin Dathis (1885) appartient aux types dans lesquels le mouvement des organes est alternatif. Dans cette machine, la cuve est hémisphérique et à double fond, dans lequel on verse de l'eau tiède afin de maintenir la pâte à la température voulue.

LOTZ FILS DE L'AINÉ
NANTES
PETRIN BUREAU
Bté S.G.D.G.
A
B
C
D
E
F
G
I
L
N
O
P

Notons à l'Exposition universelle de 1889 : le pétrin de MM. Joseph Backer et fils (Angleterre), analogue au boland précité, avec deux agitateurs opposés, formant axes de rotation à la cuve ; la machine de M. Jean Segui (Espagne), à deux agitateurs hélicoïdaux parallèles.

Quel que soit le système de pétrin mécanique employé, il faut arrêter le mouvement des pétrisseurs au bout d'une dizaine de minutes et laisser la pâte reposer de 2 à 5 minutes, puis on met de nouveau les pétrisseurs en action pendant 10 minutes, après lesquelles l'opération est terminée.

On laisse la pâte quelque temps en repos afin qu'elle *pousse* ou *rentre en levain*, puis on la partage en *pâtons*, que l'on malaxe légèrement à la main (*tournage* ou *tourne*) et que l'on abandonne à la fermentation dans des *pannetons* ou sur des *couches*.

CHAPITRE III

MACHINES EMPLOYÉES A LA PRÉPARATION DU VIN ET DU CIDRE

La préparation des boissons est une des opérations les plus importantes de l'automne; dans le Centre et le Midi on s'occupe du vin, tandis que le cidre se prépare surtout dans nos régions occidentales.

Que ce soit le raisin ou la pomme qu'il s'agisse de traiter, il faut toujours écraser ou broyer les matières premières (I, Fouloirs et égrappoirs à vendanges, II, Broyeurs à pommes), presser le marc (III, Pressoirs), enfin soutirer le jus obtenu (IV, Pompes à soutirer) [1].

I. Fouloirs à vendange.

Dans la préparation du vin, l'opération du foulage est la première que l'on fait subir aux raisins. Ceux-ci ont été récoltés en *grappes*. On peut préparer le vin en laissant les grains de raisins adhérents aux

1. Le cadre de ce volume étant trop restreint, nous ne parlerons pas des filtres à vins et à lies.

rafles ou en les séparant par une opération prélimi-
naire, qui porte le nom d'*égrappage*. Ces différents
procédés de fabrication varient suivant les habitudes
locales et le genre de produit qu'on veut obtenir.

Pour faciliter le travail précité, on emploie des *fouloirs* à vendange et quelquefois des *fouloirs-égrappoirs*. Les premiers ne font que fouler les grappes,
tandis que les seconds, en plus du foulage, effectuent
la séparation des rafles. Les fouloirs étaient déjà très
employés au commencement du siècle dans le midi
de la France (machines de Gay de Montpellier, Bour-
nissac, Guérin de Toulouse, Lenoir, etc.), et en Italie
(machine de Lomeni); vers la même époque, les
égrappoirs étaient en usage dans le midi de l'Allemagne.

Le fouloir se compose d'une trémie dans laquelle
on jette les grappes de raisin; celles-ci tombent au
fond, sur deux cylindres cannelés tournant en sens
inverse; ces cylindres sont en fonte et les cannelures
écrasent les raisins, qui sortent en bouillie à la partie
inférieure et tombent sur un plan incliné qui les conduit aux cuves de fermentation (fig. 26).

Dans le Midi, les cuves de fermentation sont
recouvertes d'un plancher, et au-dessus de chacune
d'elles se trouve une trappe par laquelle on jette la
vendange. Dans ce cas, on emploie des fouloirs
locomobiles montés sur trois roues qui déchargent
par-dessous. Certains fouloirs ont des cannelures
hélicoïdales.

Dans un modèle d'Ollagnier, les cylindres cannelés
sont formés de rondelles de liège; on doit les ra-
mollir à chaque saison avec de l'eau chaude. Ce
système assure le foulage du raisin sans écraser les
pépins, qui communiqueraient au vin une huile essentielle et par suite un certain goût. Dans le même

ordre d'idées on a fait des fouloirs à cylindres de
caoutchouc. Mais avec des cylindres en fonte suffisamment écartés on n'a pas à craindre l'écrasement
des pépins.

Fig. 26. — Fouloir à vendange. (Mabille.)

Un des cylindres doit être monté à ressorts (à la
façon des aplatisseurs [1]), afin de pouvoir s'écarter
lors du passage d'une pierre et éviter ainsi la détérioration de la machine. La figure 27 montre le ressort de compression du premier cylindre fouleur.

1. Voir *Machines agricoles*. 2ᵉ volume, p. 95.

Les fouloirs-égrappoirs se composent d'un fouloir analogue à ceux précédemment décrits, en dessous duquel on fixe un égrappoir.

Dans l'égrappoir de Chavanette, le produit est foulé entre deux cylindres à aspérités, puis entre deux autres lisses garnis de caoutchouc, et tombe dans un

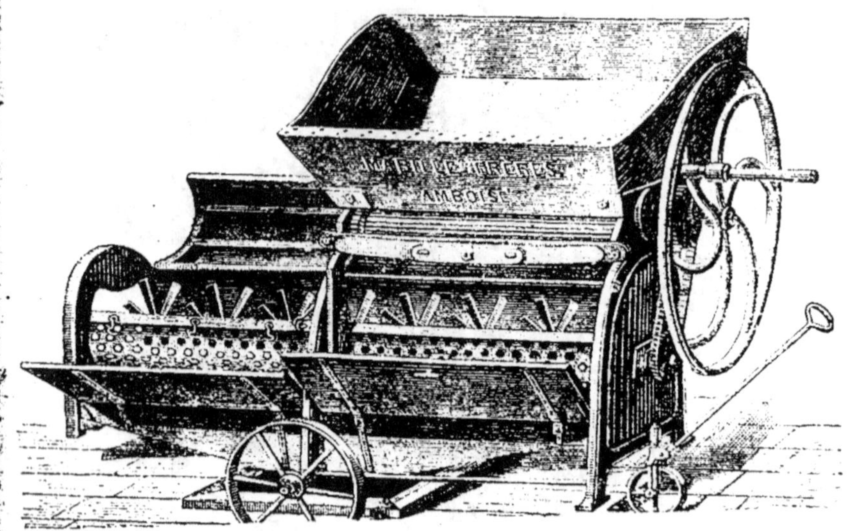

Fig. 27. — Fouloir-égrappoir.

couloir demi-cylindrique horizontal dont la partie inférieure est percée et analogue aux cribles; là une brosse rotative, formée de bras implantés sur un axe et terminés par des balais, force le raisin à passer dans les trous du crible et rejette en dehors les grappes.

Dans les fouloirs-égrappoirs de Mabille frères (fig. 27) il y a en dessous du fouloir proprement dit un arbre octogonal en bois tournant horizontalement dans un cylindre en cuivre dont la partie supérieure est fermée par un couvercle (que le dessin représente ouvert); la partie inférieure est percée de trous de

30 millimètres de diamètre. Sur l'arbre sont implantées des palettes en fer disposées suivant une hélice. Les raisins écrasés passent au travers des trous, et les rafles sortent à l'extrémité de gauche du cylindre.

Dans cette machine, il faut deux tours du volant pour un tour d'un cylindre-fouleur, qui commande l'autre dans le rapport de 1 à 2; pour le même nombre de tours du volant, l'arbre de l'égrappoir en fait quatre. Les cylindres fouleurs ont 0 m. 17 de diamètre et 0 m. 70 de longueur; l'égrappoir a 0 m. 45 de diamètre et 1 m. 80 de long. Avec cette machine, on peut fouler et égrapper près de 30 hectolitres de vendange à l'heure.

II. Broyeurs de pommes.

On emploie dans la préparation du cidre, pour concasser et écraser les pommes, des machines appelées *brise-pommes*, *casse-pommes*, *broyeurs* ou *moulins à pommes*.

Dans les petites exploitations on pile les pommes avec un pilon dans une auge en bois ou en pierre, ou l'on a recours au *tour à piler*. Le tour à piler, que l'on rencontre malheureusement encore dans beaucoup de fermes normandes et bretonnes, consiste en une auge circulaire en pierre dans laquelle tourne une roue en bois ou en granit tirée par un cheval qui travaille comme à un manège ordinaire.

Pour diviser les pommes d'une façon plus mécanique, on a proposé les coupe-racines et les râpes; mais les machines les plus employées sont les broyeurs, qui étaient déjà connus à la fin du siècle dernier dans le Devonshire, le comté de Somerset (en Angle-terre), et plus tard dans la Picardie.

Les modèles actuels sont tous dérivés de la machine Rosé ; ils se composent de deux cylindres tournant en sens inverse dans le fond d'une trémie qui contient les pommes. Ces cylindres ou noix sont garnis de dents (fig. 28) dont la section peut être considérée

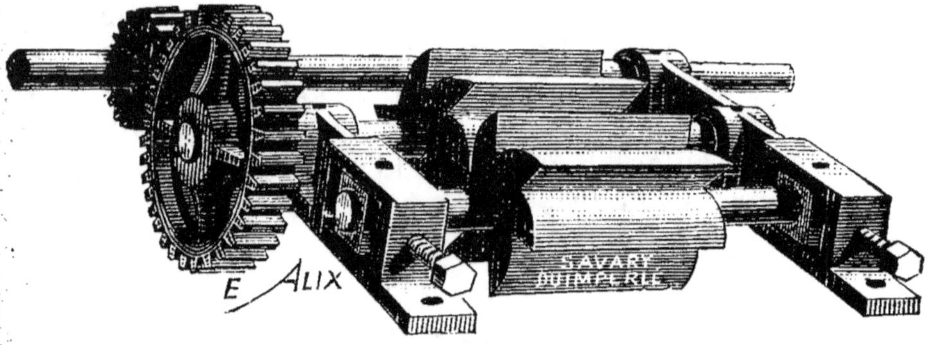

Fig. 28. — Organes d'un broyeur de pommes.

comme un triangle rectangle ; un des côtés de l'angle droit est dirigé suivant le rayon, l'hypoténuse étant en courbe convexe. Dans les bons modèles les noix sont à arêtes alternées (fig. 30).

Un volant-manivelle, solidaire avec l'arbre moteur, commande une des noix par un pignon et une roue dentée (fig. 28 et 29) ; la noix commandée entraîne l'autre par les dents, entre lesquelles se prennent les pommes.

Dans les petits moulins (machine Benech), la manivelle est directement calée sur l'arbre d'une des noix du broyeur (fig. 30).

On doit pouvoir régler l'écartement des cylindres suivant le degré de broyage que l'on veut obtenir. Un des cylindres doit toujours être monté sur coussinets à ressorts, de façon à pouvoir céder au passage d'un caillou; tels sont ceux représentés fig. 29 et 30.

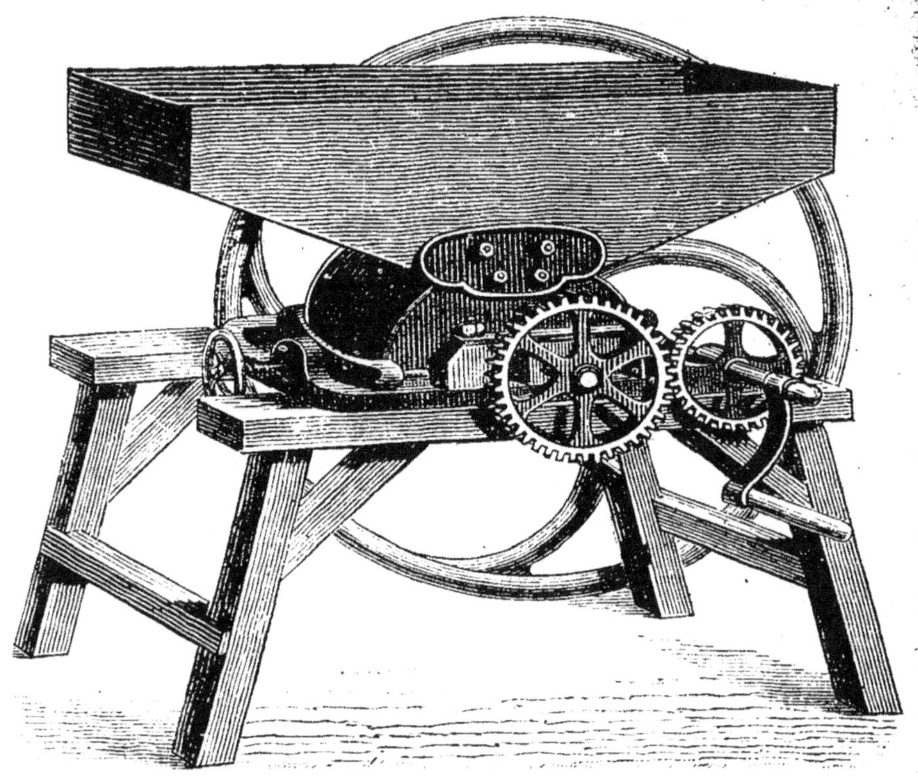

Fig. 29. — Broyeur de pommes. (Chapelier.)

Le ressort qui presse la noix conduite contre la noix motrice est serré par une vis munie d'un petit volant. Dans un modèle de Garnier, le ressort est remplacé par un levier coudé dont un bras, très long dans le sens horizontal, porte un contrepoids; avec ce dispositif, les noix peuvent avoir un grand écartement au passage d'une pierre.

Dans le broyeur de Mabille frères, le ressort est à

réglage constant et indépendant des ouvriers. Ces constructeurs ont été amenés à ce système par l'ob-

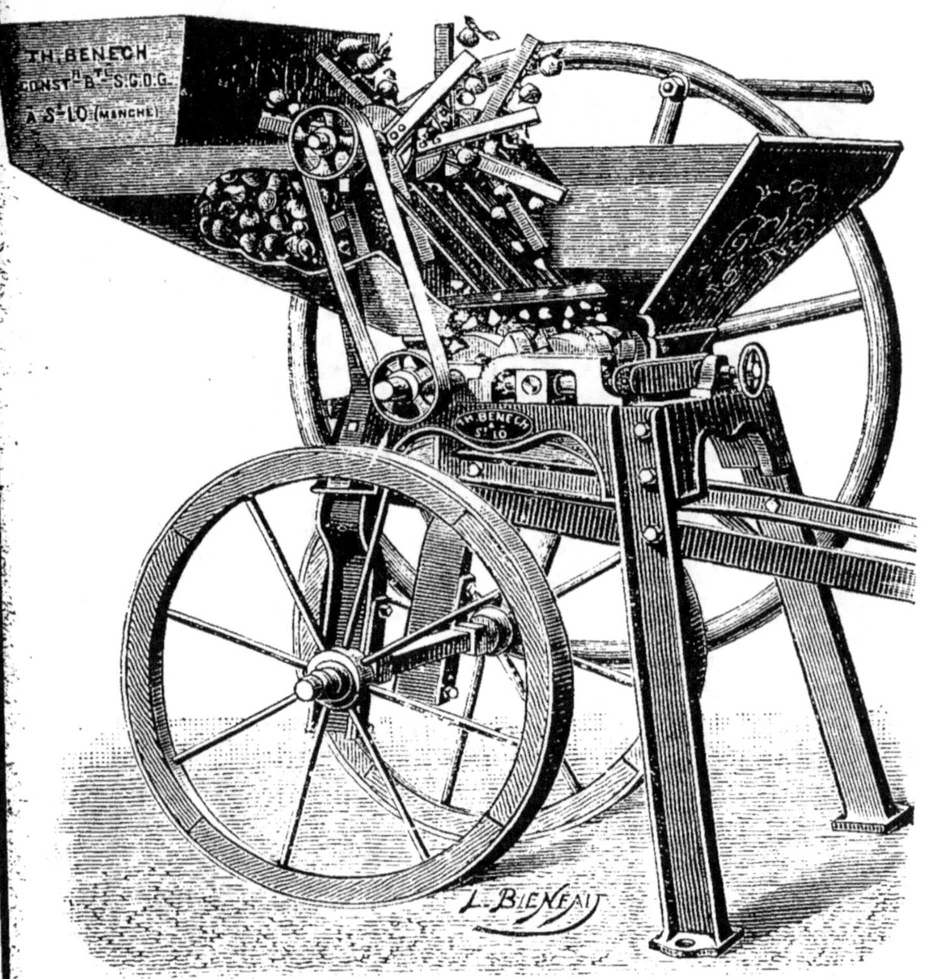

Fig. 30. — Broyeur-épierreur Benech.

jection des propriétaires de broyeurs à réglage variable : pour aller plus vite et avec moins de fatigue, lorsqu'ils n'étaient pas surveillés, les ouvriers desserraient la vis, et par suite broyaient incomplètement les pommes. C'est pour cela que certaines personnes préfèrent le broyeur à noix fixes; mais il vaut mieux employer le précédent : la noix étant toujours serrée à fond, la pulpe à obtenir sera toujours d'une finesse constante, quelle que soit la dureté des pommes.

Dans beaucoup de modèles, les paliers des noix sont indépendants et fixés sur le bâti en bois; afin d'éviter les déformations du mécanisme qui amènent des ruptures ou tout au moins un jeu considérable au bout d'un certain temps de travail, il est préférable de monter le tout sur un bâti rigide en fonte d'une seule pièce qui se fixe ensuite sur le châssis en charpente; ce dernier ne sert plus qu'à maintenir le mécanisme à une hauteur donnée au-dessus du sol. Cette excellente disposition se rencontre dans les machines de Mabille frères et de quelques autres constructeurs (Garat et Lacroix, etc.).

Dans le moulin à pommes de Piquet, de Garin-Moroy, etc., les pommes sont d'abord coupées par un arbre portant des lames qui passent au travers d'une grille et agissent d'une façon analogue au broyeur de tubercules cuits de Pécard [1]. Puis la matière tombe entre deux noix ordinaires. Le travail de ces broyeurs est excellent.

La figure 30 représente un broyeur-épierreur; l'épierreur est formé par un arbre portant un certain nombre de couteaux munis de pointes qui retirent les pommes de la trémie pour les envoyer aux noix broyeuses; les couteaux se nettoient en passant entre les barreaux d'une

____

1. Voir *Machines agricoles*. 2ᵉ série, chap. VII, p. 170 et suiv.

grille inclinée. — Citons enfin un nouveau modèle (1890) de M. Piquet, dans lequel, par un dispositif spécial, les pierres sont jetées hors de la machine par deux ouver-

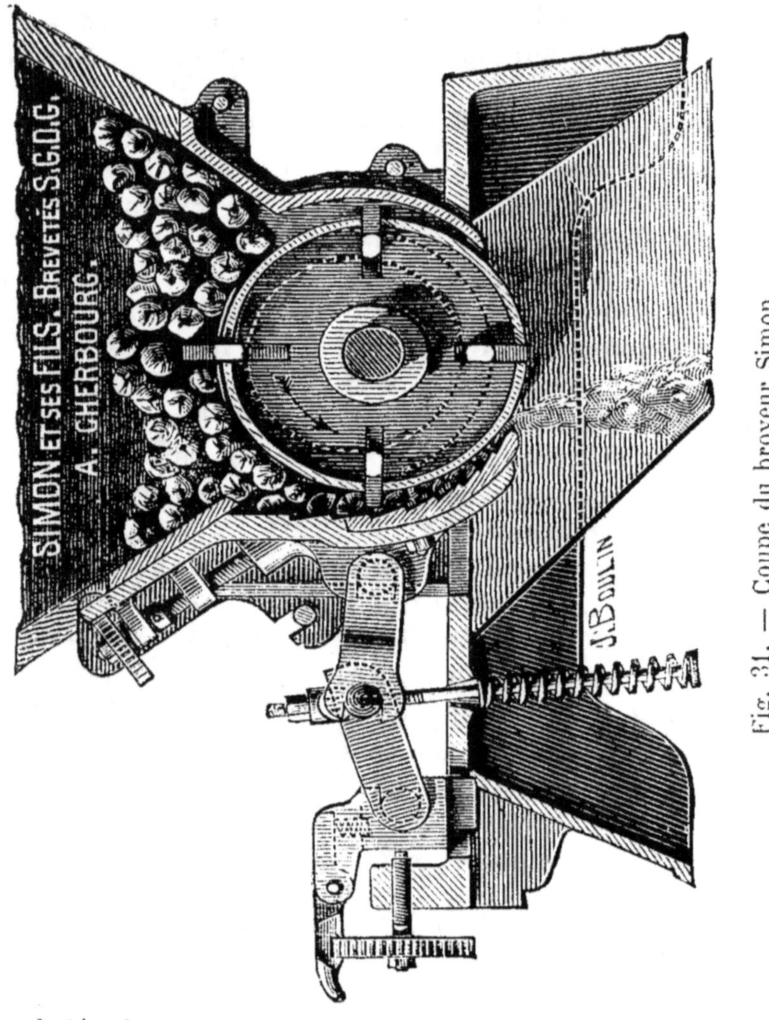

Fig. 31. — Coupe du broyeur Simon.

tures latérales, qui s'ouvrent lorsque les organes rencontrent une certaine résistance.

Le broyeur Simon (1888-1889), comme l'indique la coupe verticale, fig. 31, se compose d'un axe horizontal solidaire avec un cylindre tournant dans une boîte en fonte qui constitue la partie inférieure de la trémie d'alimentation. Le cylindre porte quatre rainures (suivant les génératrices) dans lesquelles se meuvent des lames ou palettes qui entraînent les pommes, dans le sens indiqué par la flèche, et les broient contre une plaque. Les palettes décrivent un cercle excentrique au cylindre en se rapprochant de sa paroi du côté de la contre-plaque de gauche, contre laquelle les pommes sont broyées. La figure montre la disposition des leviers combinés à ressort de rappel, qui poussent la contre-plaque vers le cylindre et lui permettent de céder lors du passage d'un caillou. Une petite vis horizontale règle l'énergie de la pression et par conséquent la finesse de la pulpe.

Certains broyeurs sont montés à manège direct, et, dans ce cas, la machine est accolée à un poteau central autour duquel tourne la flèche tirée par le cheval.

TRAVAIL DES BROYEURS DE POMMES.

Le travail mécanique absorbé par les broyeurs de pommes est très considérable : aussi ces machines doivent-elles être de construction très soignée.

Voici les résultats obtenus à Versailles en 1886, au concours de l'Association pomologique de l'Ouest[1].

Les broyeurs à bras, mis en mouvement par deux hommes, ont broyé 1 hectolitre de pommes en quatre à sept minutes et demie; le temps nécessaire sans forcer les hommes paraît être de six minutes environ. Les pommes étaient petites et dures; l'hectolitre pesait 53 kilogr. 191.

---

1. Voir notre rapport dans le *Bulletin de l'Association pomologique*, t. IV, 1887.

En pratique, deux hommes peuvent broyer de 6 à 10 hectolitres de pommes à l'heure, suivant la dureté des pommes et les dimensions de la machine.

Au même concours et avec les mêmes pommes, les broyeurs à manège mis en mouvement par un cheval ont mis de deux à trois minutes pour broyer 1 hectolitre de pommes.

En pratique, un cheval au manège peut broyer 15 à 20 hectolitres de pommes à l'heure.

III. Pressoirs.

En Égypte, chez les Hébreux et chez les Perses, on mettait le raisin dans une auge en pierre percée d'un trou à la partie inférieure ; des esclaves entraient dans l'auge et piétinaient le raisin en mesure, au son de la musique. Ce procédé est encore en usage dans certaines parties de la France. En Égypte on pressurait auss les raisins en les tordant dans de solides toiles ou en empilant les uns sur les autres les vases qui contenaient le raisin.

Les Grecs semblaient recourir à l'action d'un poids : on a trouvé des bas-reliefs représentant des faunes fabriquant du vin : avec un levier, trois faunes soulèvent un bloc de rocher que deux autres équilibrent et dirigent sur une corbeille remplie de raisin. Dans les ruines d'Herculanum on a découvert des fresques représentant des pressoirs à coins très bien combinés.

Pendant le moyen âge, les pressoirs, dont le nombre était restreint, ne se sont pas perfectionnés ; ils appartenaient au seigneur (pressoir banal ou seigneurial), et les cultivateurs étaient tenus d'y aller préparer leur boisson, moyennant une redevance en nature au profit du châtelain ; ces pressoirs étaient semblables à ceux des fresques d'Herculanum et la pression était obtenue en chassant des coins entre des pièces de bois.

Aujourd'hui le système à coins est remplacé par une vis (qui est, au point de vue mécanique, dérivée du coin).

La construction des pressoirs laissa à désirer jusqu'à la fin du siècle dernier; à cette époque on chercha quelques perfectionnements, et l'on trouve encore aujourd'hui des machines qui en dérivent : le pressoir à coins, celui à levier et à vis, dit à pavent (Bretagne et Normandie); le pressoir à cliquet. celui à cabestan; les pressoirs bourguignons ou troyens de Jaunez (1786) et de Benoit; celui à vis en bois et à cage, le pressoir à percussion de Révillon. ceux de Hery et de Lemonier-Jully, etc.

Les pressoirs actuels se composent en principe d'une table ou *maie* au centre de laquelle se dresse une *vis* verticale fixe. Les marcs à presser se mettent sur la maie, soit en tas, soit dans une *cage*; on les recouvre avec les *bois de charge*, sur lesquels on effectue la pression en faisant descendre un *écrou* que l'on fait tourner autour de la vis par l'intermédiaire de différents mécanismes.

La maie est quelquefois en pierre ou constituée par le rocher même sur lequel est établi le vendangeoir, mais elle est le plus ordinairement en bois (fig. 32) : c'est un fort plancher jointif, serré au moyen de boulons; les joints sont calfatés avec de l'étoupe et du jonc suiffé [1].

Le plancher s'appuie sur une poutre centrale inférieure, dite *sous-marc*, dans laquelle se boulonne la tête de la vis qui passe au travers de la poutre et du plancher. La maie est garnie d'un cadre formant rebords de 0 m. 07 à 0 m. 10 de hauteur; le cadre,

---

1. Pour les nœuds on emploie. à chaud, un mastic composé de suif. de résine et de cendre fine.

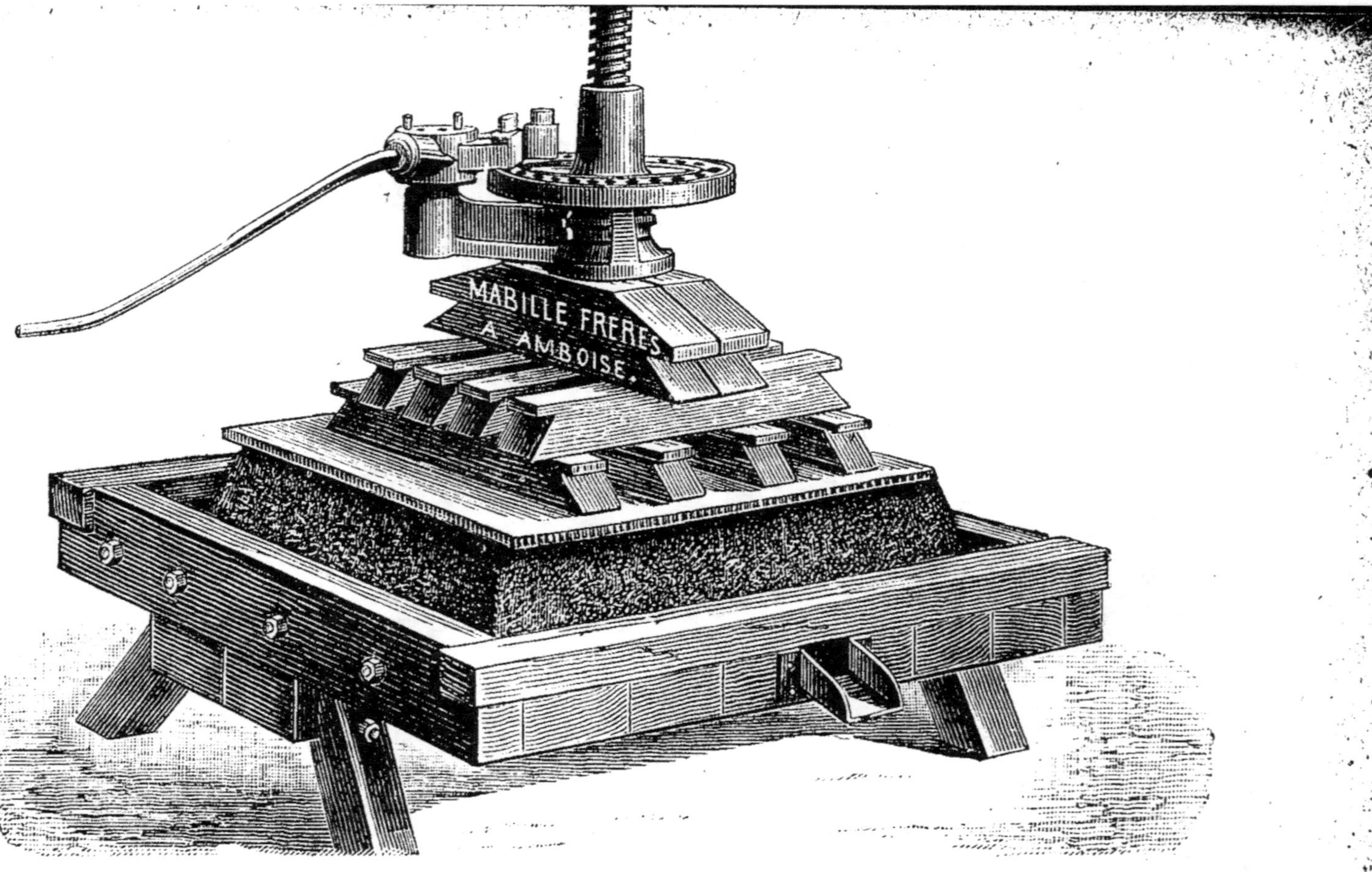

Fig. 32. — Pressoir à maie en bois. (Mabille.)

sur l'un des côtés, est percé d'un trou terminé par une goulotte d'où s'écoule le jus.

Depuis peu d'années, les maies se font en fonte, renforcées en dessous par des nervures radiales et concentriques [1] (fig. 33); elles sont montées sur des pieds en fer ou en fonte. On fait aussi des maies en forte tôle, consolidées par des fers à T. Enfin, souvent la maie est montée sur deux ou quatre roues (*pressoirs locomobiles*).

Dans certains cas, notamment dans la préparation du cidre, le marc est empilé sur la maie dans une sorte de *sac* en paille (fig. 32); après une légère pression on recoupe le pourtour avec un grand couteau ou une hache. L'établissement du sac exige beaucoup de temps et d'habiles ouvriers; il est préférable d'avoir recours à la *cage* encore appelée *claie* ou *danaïde*.

La cage est une enveloppe verticale que l'on pose sur la maie; elle est carrée, rectangulaire, mais le plus généralement circulaire et en deux parties réunies par des clavettes, des verrous ou des charnières. La cage est formée de liteaux trapéziformes en bois de chêne placés verticalement et espacés de 0 m. 01 à 0 m. 02; des cercles en fer méplat les réunissent (fig. 33).

Au lieu de mettre le marc directement sur la maie, on emploie souvent une *claie de fond* formée de liteaux en bois reliés par des traverses; elle joue le rôle de drain. Le drainage est complété souvent par des couches de paille, des claies de paille, de bois ou d'osier ou des tuyaux perforés que l'on place

---

1. Les nouveaux modèles de Mabille (1890) sont à maie en tôle emboutie; une rondelle de caoutchouc conique assure l'étanchéité du joint de la vis avec la maie et le sous-marc.

dans la masse du marc. La charge s'effectue en pilant le marc dans la cage, en l'égalisant et le foulant légèrement à la main.

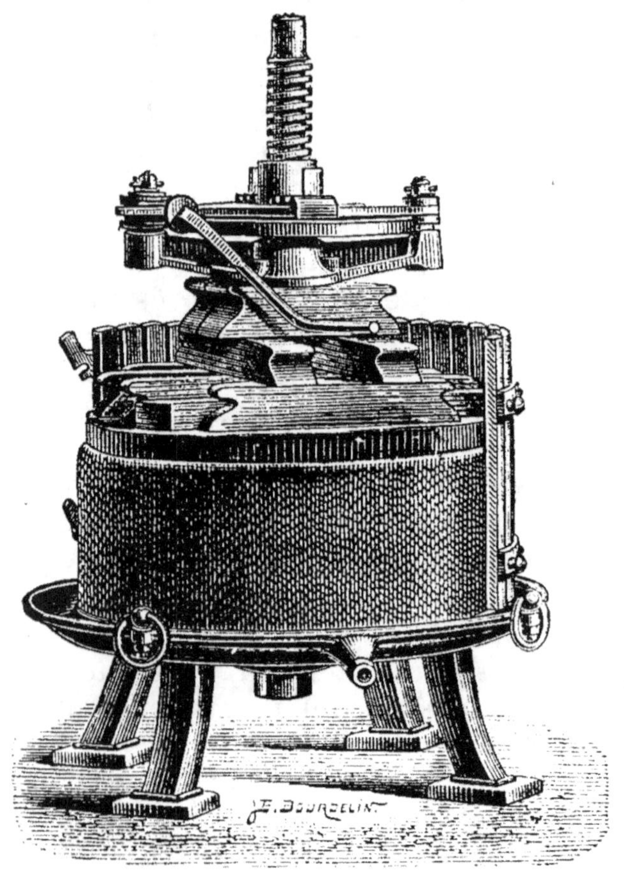

Fig. 33. — Coupe d'un pressoir à maie en fonte.

La charge est recouverte par un plancher, puis par des bois dits *de charge* empilés les uns sur les autres; et on termine par une ou deux fortes pièces qui embrassent la vis (*bluin* ou *mouton*) sur lesquelles on fait agir le mécanisme de serrage; les figures 32 et 33 représentent bien la disposition de ces bois de charge.

Le serrage s'obtient par un *écrou* tournant dans le plan horizontal autour de la vis. L'écrou descend en frottant sur son *siége* ou *crapaud* placé sur le blain.

Le mécanisme de manœuvre de l'écrou est la partie la plus importante du pressoir.

Ces mécanismes sont nombreux, et nous ne passerons en revue que les principaux parmi ceux actuellement en usage.

Dans le type ordinaire, l'écrou A est à *lanterne ou*

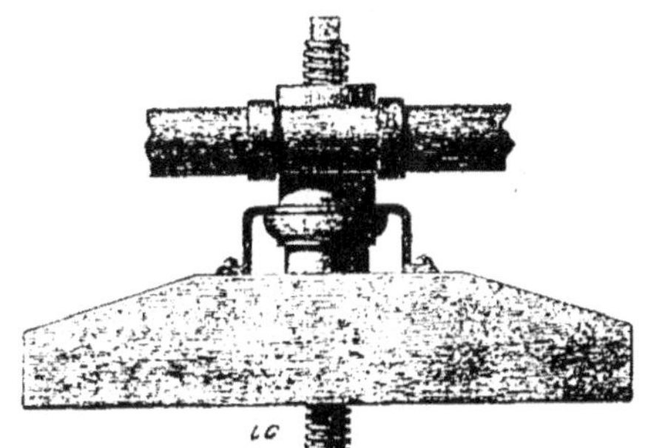 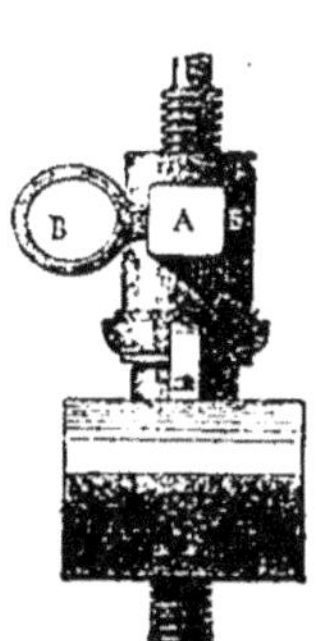

Fig. 34. Fig. 35.

Vue de face et de profil d'un écrou à lanterne.

oreilles B (fig. 34 et 35), dans lesquelles on passe un levier en bois que des hommes poussent en tournant autour du pressoir; ce système donne une faible pression et exige un emplacement considérable (de 5 à 6 mètres de diamètre).

Une des premières et pratiques modifications a été apportée en 1870 par MM. J. Mabille frères : l'écrou A (fig. 36 et 37) porte un plateau horizontal dont la couronne est percée de trous rectangulaires dans lesquels viennent se prendre deux cliquets ou clavettes F taillées en biseau. Ces cliquets sont alternativement poussés et tirés par des bielles E reliées par des axes D à la boîte à bielles C qui pivote sur un axe fixé au crapaud G ; le levier B de manœuvre est terminé par un bout carré que l'on enfonce dans la boîte à bielles C. En donnant à ce levier une oscillation horizontale, les bielles s'animent d'un mouvement alternatif, et, à chaque coup, les cliquets font avancer

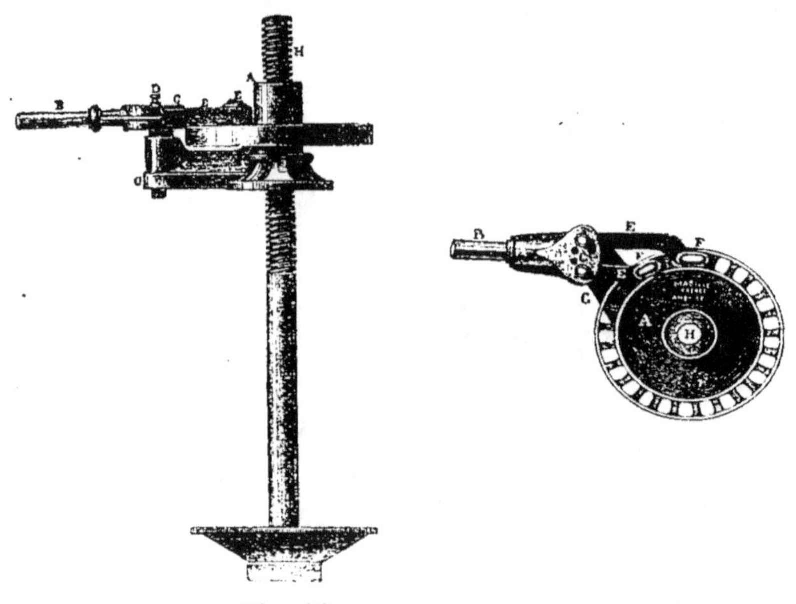

Fig. 36.   Fig. 37.

Élévation et plan de l'écrou Mabille.

la couronne A d'un trou : elle tourne et descend autour de la vis H. Le crapaud appuie directement sur le mouton. Dans le système Mabille de 1886, les axes des bielles peuvent à la fin de la pression se rapprocher de l'axe de la boîte à bielles (le plan fig. 37 indique les deux trous correspondants en C), ce qui augmente le rapport entre le chemin parcouru par l'extrémité du levier et l'abaissement de l'écrou, c'est-à-dire l'intensité de la pression.

La plupart des autres systèmes sont dérivés du pré-

cédent; on y rencontre presque toujours un écrou à
plateau horizontal dont la couronne est percée de
trous dans lesquels s'engagent des clavettes en biseau.
Dans certains mécanismes il y a jusqu'à trois et
quatre rangs de trous (systèmes dit américain, de
Marmonier, Meunier, etc., fig. 38 et 39). Les clavettes

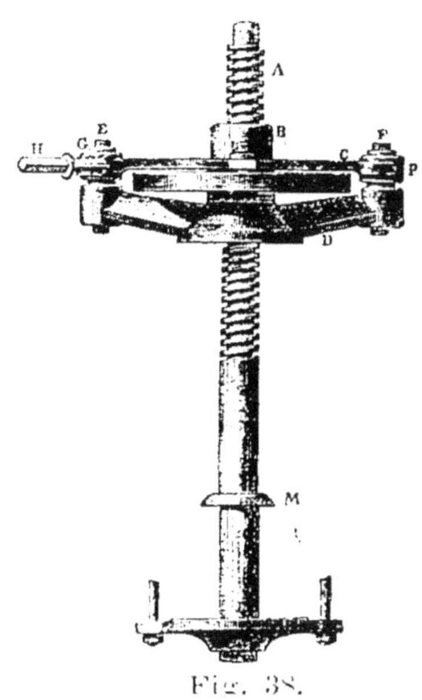

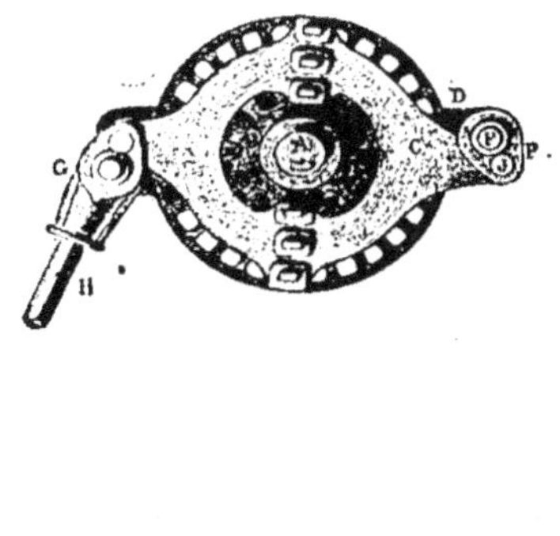

Fig. 38.

Écrou américain.

Fig. 39.

Plan de l'écrou américain.

sont placées dans une plaque C qui joue le rôle de
bielle; cette plaque est mise en mouvement alternatif par le levier H et la bielle G tournant autour
de l'axe E fixé sur le crapaud D; l'autre extrémité du
plateau est guidée par une petite bielle P reliée avec
lui par l'axe J et au crapaud par l'axe F. Au début de
la pression, les clavettes (au nombre de deux) sont
placées dans la couronne le plus près du centre; à
mesure que la résistance augmente, on engage les
clavettes dans des couronnes de plus en plus grandes,

et on termine par la couronne extérieure du plateau-écrou B. En M se trouve la rondelle presse-étoupe qui s'applique sur la maie au joint de la vis A ; la coupe de cette rondelle est représentée par la figure 40.

D'autres systèmes de plateaux-écrous n'ont de commun avec le Mabille qu'une seule couronne de trous ; mais les clavettes sont commandées par des leviers différents. Dans le système Champion et Ollagner, le levier commande deux bielles, l'une à droite et l'autre à gauche du plateau-écrou ; les clavettes étant diamétralement

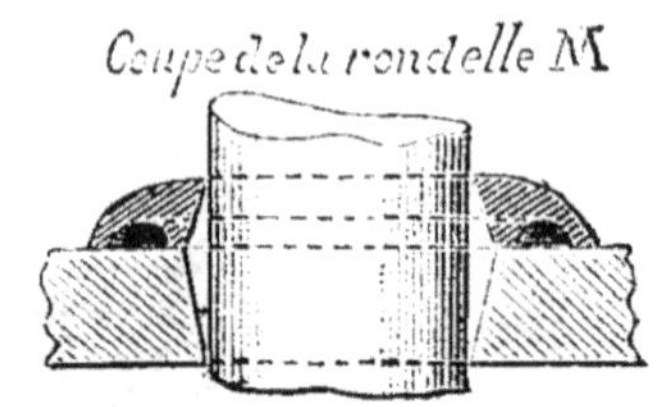

Fig. 40.

opposées, cela revient au système dit américain. L'écrou Chapelier ressemble à un écrou Mabille dont la boîte à bielles serait commandée par un balancier horizontal mis en mouvement par un levier de manœuvre.

Dans le pressoir de Maupu, la boîte à bielles est commandée par un levier oscillant dans le plan vertical. Cette disposition est très bonne au point de vue de l'utilisation de la force de l'homme : un manœuvre en poussant horizontalement peut donner un effort soutenu de 34 à 40 kilogrammes ; tandis que cet effort exercé dans le plan vertical peut atteindre son poids, soit 65 à 70 kilogrammes. On retrouve cette disposition dans certains pressoirs.

L'écrou du pressoir Piquet porte 4 poignées à l'aide desquelles on le fait descendre pour la première pression ; pour la dernière pression, il y a un secteur denté fixé au levier moteur formant pignon, qui engrène avec un plateau oscillant portant les clavettes qui peuvent s'engager dans le premier ou le second rang des trous du plateau-écrou ; les cla vettes sont mises par-dessous, ce qui nécessite de ressorts pour les chasser dans les trous du plateau.

Certains systèmes donnent le mouvement de rotation de l'écrou au moyen d'engrenages. Dans le pressoir de Gaumont, et de Garat et Lacroix, un arbre horizontal porte une vis sans fin engrenant avec la couronne du plateau-écrou; l'arbre est muni de bras ou rayons à poignées ou d'un volant. Souvent on emploie un jeu de roues dentées en nombre plus ou moins grand; telle était la disposition en usage depuis longtemps en Bourgogne; on la rencontre dans les anciens modèles, dans celui de Dezaunay, et dans les machines actuelles de Savary et de David.

L'écrou muni de poignées du pressoir David est une roue dentée conique commandée diamétralement par deux pignons montés sur axes horizontaux; chaque axe est muni d'un volant à poignées : au début, l'écrou se tourne directement à la main avec ses poignées, puis on le commande par les pignons en agissant sur les volants, enfin on commande les pignons par un levier à rochet, de longueur variable, oscillant dans le plan vertical.

Dans le pressoir de Savary (fig. 44) le plateau-écrou A porte sur sa face inférieure une couronne dentée qui engrène avec un pignon B mobile autour d'un axe horizontal solidaire avec le crapaud H. Au début de la pression, on tourne le pignon B à l'aide de la poignée P du volant C; à la fin de la pression, un levier D, manœuvré dans le plan vertical et animé d'un mouvement alternatif, fait tourner le pignon B par la clavette E qui joue verticalement dans sa boîte S. Dans ce système, l'écrou A repose sur une couronne de troncs de cône en acier qui baignent dans un réservoir d'huile ménagé à la partie supérieure du crapaud H; le frottement de glissement de l'écrou sur son siège est remplacé par un frottement de roulement qui augmente le rendement de la machine.

Le grand pressoir de Cathelineau est à deux cages horizontales ; une vis centrale, garnie de deux pistons verticaux, se meut alternativement dans un sens ou dans l'autre ; l'écrou tourne entre deux coussinets

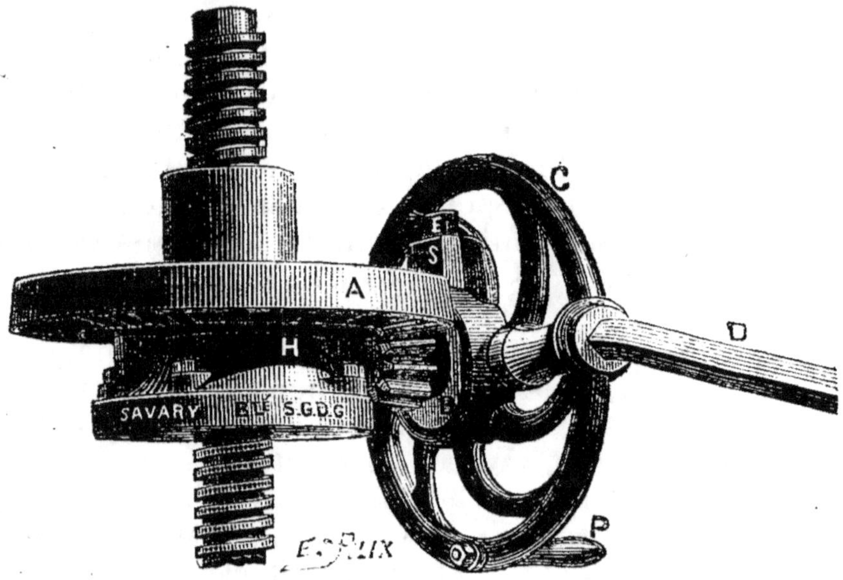

Fig. 41. — Écrou Savary.

et reçoit par chaîne et engrenages le mouvement des manœuvres ou d'un moteur quelconque.

Certains pressoirs (Samain ; Boomer et Boschert) sont basés sur la déformation d'un losange dont la diagonale verticale s'allonge et pousse un piston, par le raccourcissement de la diagonale horizontale qui est formée par une vis que des poignées, des volants, des leviers ou des engrenages (Protte, 1889) mettent en mouvement.

Le pressoir de Persidat est formé par un *vérin*

hydraulique appuyé sur une charpente supérieure en fer; le piston du vérin descend et presse directement sur le blain. Dans certains pressoirs *hydrauliques* (Marmonnier, Cassan, etc.), la vis centrale ne sert qu'à bloquer le piston, lorsque ce dernier est en contact du blain ou fait marcher le levier de la petite pompe foulante du système, dont le principe est celui de la presse hydraulique; le liquide ordinairement employé est la glycérine.

A l'Exposition universelle de 1889 on trouvait les pressoirs rotatifs de Simon et ses fils (France) et Émile Servais (grand-duché de Luxembourg); ce sont surtout des machines industrielles. Citons enfin le pressoir continu à toile de Gayon.

TRAVAIL DES PRESSOIRS.

Les mécanismes de serrage ont pour but de multiplier l'effort de l'homme afin d'obtenir la pression nécessaire à l'extraction de la plus grande quantité de jus possible. La pression dépasse rarement 4 à 5 kilogrammes par centimètre carré de section de la charge; les vis de pressoir ne doivent travailler (à l'extension) en pratique qu'à une charge de 3 kilogrammes par millimètre de section si elles sont en fer, et de 5 kilogr. 500 si elles sont en acier. De la surface de la charge on en déduit, à l'aide des chiffres précédents, la pression totale et le diamètre de la vis.

La vis est ordinairement à filets quadrangulaires, quelquefois trapéziformes. L'écrou embrasse au moins 8 filets. Lorsque la pression dépasse une certaine limite, le marc ne se comprime plus : c'est la vis qui s'allonge. Le diamètre de la cage est de

13 à 17 fois celui de la vis; la hauteur de la cage dépasse rarement 1 mètre pour les grands modèles.

Pour calculer l'intensité de la pression donnée par un mécanisme, il faut multiplier l'effort fourni par un homme à l'extrémité du levier par le rapport entre le chemin parcouru par cette extrémité et l'abaissement de l'écrou. Ce rapport dépasse 5 000 dans certains modèles; le plus grand effort de l'homme, dans les à-coups, est de 50 à 60 kilogrammes, mais il n'est que de 30 en moyenne au bout d'un certain temps de fatigue.

En prenant les chiffres précédents, un semblable pressoir donnerait une pression de $(30 \times 5\,000 =)$ 150 000 kilogrammes. Le rendement mécanique des pressoirs oscillant de 25 à 30 pour 100, la pression réelle sera $150\,000 \times 0,25 = 37\,500$ kilogrammes.

Voici la moyenne des chiffres obtenus en 1886 au concours de Versailles tenu par l'Association pomologique de l'Ouest [1] :

Diamètre de la vis aux filets.........	0,08 à 0,09
Diamètre intérieur de la cage.........	1,000
Hauteur de la cage..................	0,65
Dimension de la maie...............	$1,40 \times 1,40$
Poids de la charge de marc de pommes.	300 kilogr.
Poids de jus obtenu en 4 pressions de 5 minutes chacune avec arrêt de 15 minutes dans l'intervalle........	127 à 139 kil.

IV. Pompes à soutirer.

Lorsque le vin (ou le cidre) sort du pressoir, il faut le mettre dans des cuves de fermentation, puis l'en

1. La pulpe pressée provenait des pommes traitées la veille par les broyeurs (voir p. 54).

soutirer dans des tonneaux ou foudres. Toutes ces manipulations s'effectuent à l'aide de pompes dites pompes à *soutirer* [1].

Lorsqu'on a peu de liquide à traiter, on fait les soutirages avec des seaux ou mieux à l'aide d'une petite pompe qui se fixe à la partie supérieure d'un tuyau plongeur d'aspiration vertical que l'on introduit, par la bonde, dans le fût à soutirer. La pompe est mise directement en mouvement par une manivelle (type rotatif) ou par une poignée (type à piston) et peut refouler le liquide à 2 mètres de hauteur dans les pièces *gerbées* en troisième.

Lorsqu'on a une certaine quantité de liquide à soutirer, il est préférable d'employer des pompes à pistons. Ces pompes bien construites sont à double effet, et les clapets d'aspiration et de refoulement sont remplacés par de petites sphères en caoutchouc qui, s'appuyant sur leurs sièges tronconiques, généralement en bronze, donnent une obturation parfaite. Toutes ces pompes sont montées sur un léger chariot afin de faciliter leur déplacement dans les chais; les chariots sont assez étroits pour passer entre les rangs de tonneaux. Les plus petites de ces pompes fonctionnent au moyen d'un levier (fig. 42) oscillant dans le plan vertical relié à la tête de la tige du piston, qui le plus souvent est à course horizontale; une petite bielle guide l'extrémité du levier opposée à la poignée; l'aspiration a lieu par le bas, et le refoulement, qui se trouve à la partie supérieure, part d'un réservoir d'air. Dans la pompe Noël (fig. 42) quatre regards maintenus par deux vis de pression à

1. Voir la classification des pompes au chapitre VIII, *Machines élévatoires*, p. 142.

volant, permettent la visite et le nettoyage des soupapes.

Mais en général il est préférable d'adopter des

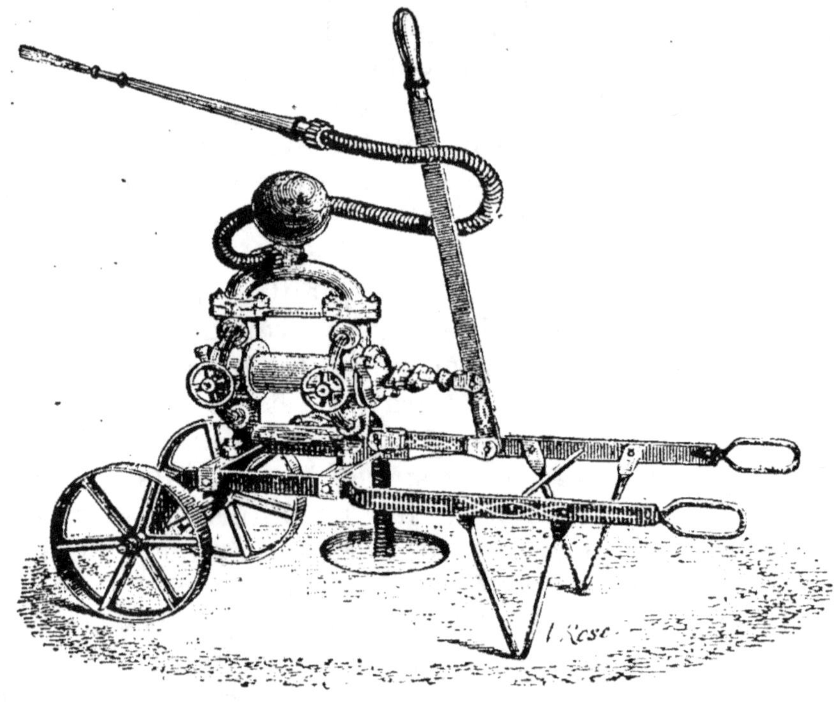

Fig. 42. — Pompe à piston. (Noël.)

pompes mues par un volant et une manivelle; les
figures 43 et 44 en sont des exemples. Dans ces pompes, le piston peut se mouvoir dans le plan horizontal
(fig. 43) ou dans le plan vertical (fig. 44), soit au
moyen d'un arbre à manivelle et d'une bielle (fig. 44),
soit par un autre dispositif. Dans la figure 43, la tige
du piston est mise en mouvement alternatif par une
double crémaillère entraînée par un pignon denté sur
la moitié de la circonférence. Le pignon est monté sur
un arbre horizontal qui porte le volant-manivelle. Les

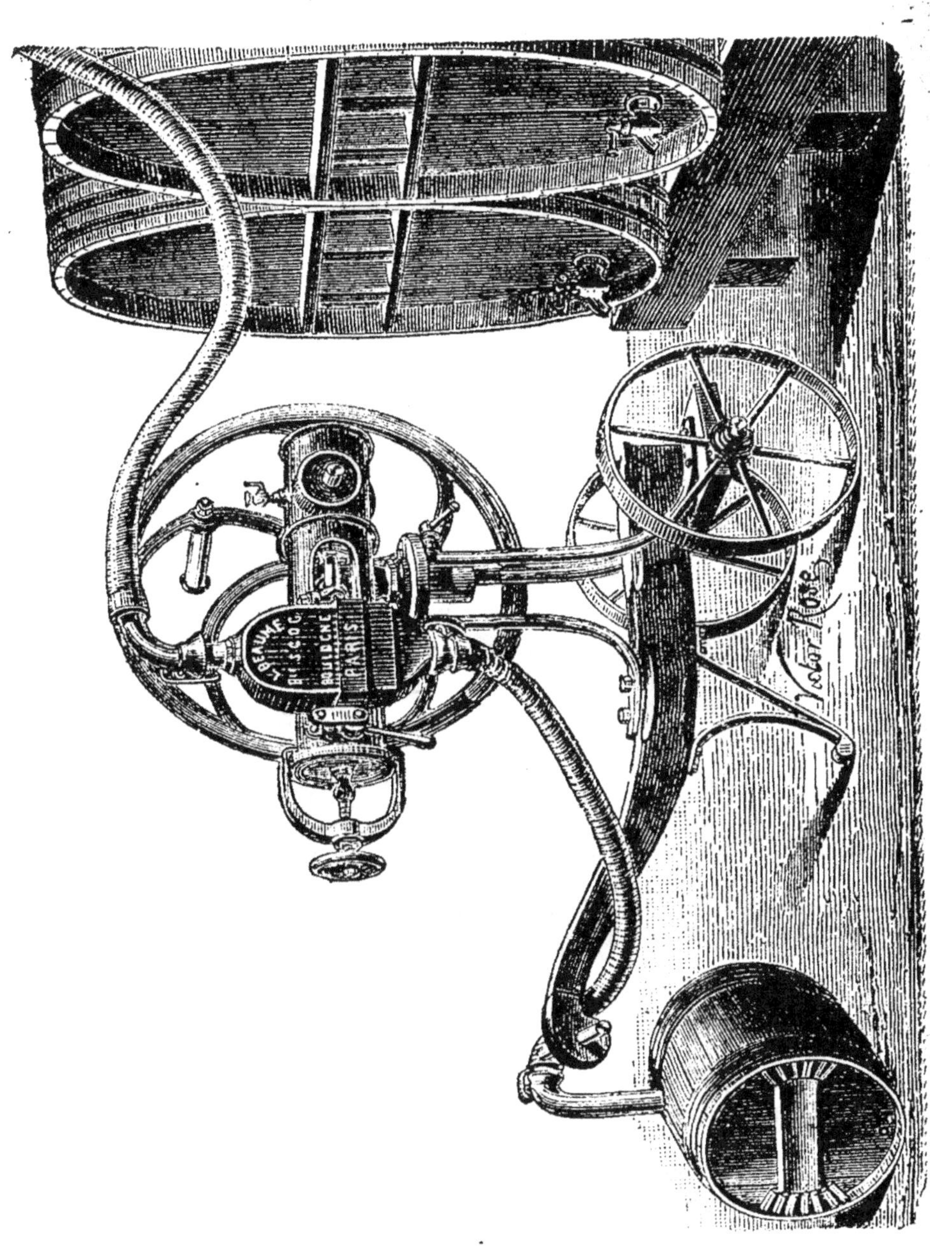

deux clapets d'aspiration et de refoulement sont placés dans une seule boîte supportant le réservoir de compression ; les différentes parties du mécanisme sont serrées par des boulons à excentriques et peuvent se

Fig. 44. — Pompe à piston. (Noël.)

démonter rapidement sans aucun outil. Après chaque opération, la pompe peut être complètement vidée ; il n'y a à craindre ainsi aucune détérioration intérieure par suite de la gelée.

La pompe de la figure 43 est montée sur une *plaque tournante* fixée sur un chariot à timon en bois porté

par deux roues métalliques. A l'aide de la plaque
tournante on peut placer le volant et la pompe dans
une direction quelconque sans changer le chariot de
place, ce qui facilite le travail.

Fig. 45. — Pompe rotative.

Beaucoup de constructeurs ont proposé l'emploi
des *pompes rotatives* pour le soutirage des boissons;
en général, ces pompes ne sont pas bonnes pour
ce service, attendu que les liquides à soutirer (vin,
cidre, etc.) ne sont pas clairs et contiennent toujours
en suspension de la pulpe folle, qui, jouant dans ces
pompes le rôle de l'émeri, les rode et finit par les

mettre hors de service au bout de peu de temps en produisant des fuites dans les organes.

Ces machines ne sont donc guère applicables qu'aux négociants en liquides qui ne soutirent et transvasent que les liquides *clairs* et limpides exempts de toutes impuretés. Ces pompes se construisent munies d'un volant-manivelle et montées sur un chariot comme les modèles précédents.

On voit à l'entrepôt de Bercy, à Paris, chez beaucoup de grands négociants en vins, de semblables pompes qui puisent dans une citerne et refoulent dans de grands foudres. Ces machines, dont la vue générale est donnée par la figure 45, sont munies de poulies fixe et folle et mises en mouvement par un moteur à gaz.

Les petites pompes donnent, suivant leurs dimensions, de 1 000 à 1 500 litres à l'heure; celles à volant peuvent débiter jusqu'à 6 000 et 8 000 litres; enfin les pompes à moteur ne dépassent généralement pas 10 000 à 12 000 litres par heure.

CHAPITRE IV

MACHINES EMPLOYÉES A L'EXTRACTION DE L'HUILE

« L'hiver est arrivé, l'olive se pile dans les *pressoirs* », a dit Virgile dans le livre second des *Géorgiques*. Ce poète si aimé de Dante ne nous détaille pas plus longuement les instruments et procédés employés de son temps pour la fabrication de l'huile d'olive, lui qui est si minutieux dans tant d'autres détails. Il semble que les olives ont dû être pilées à bras avec des pilons dans des auges en bois. Le mot *pressoir* signifie donc ici l'instrument où les matières sont pressées par des pilons. Du reste cela n'a rien qui étonne, car en Bretagne et en Normandie on appelle encore *pressoirs* ces auges circulaires en pierre dans lesquelles une meule ou roue, tirée par un cheval, pile les pommes à cidre. (Voir *Moulins à pommes*, chap. III, p. 48.) Ici, comme dans les poèmes de l'auteur de l'*Énéide*, il ne faut pas entendre pressoir dans le sens que nous lui donnons aujourd'hui, c'est-à-dire un mécanisme abaissant un plateau mobile et pressant des matières contre un autre plateau fixe. Du temps de Virgile, on devait donc *piler* les olives avec un instrument spécial, et probablement on pressait la pâte dans des pressoirs analogues à ceux qu'on employait de son temps pour la fabrication du vin. (Voir *Pressoirs*, chap. III, p. 55.)

Les agronomes latins Caton, Palladius, Varron appellent trapètes (*trapetum*) les machines à presser les olives; Columelle, dans *de Re rustica*, dit que le trapète vaut mieux que la *solea* et le *canilis* et qu'on employait encore un traîneau (*tudicula*) pour écraser les olives.

Nous ne nous occuperons pas, dans cet ouvrage, de la fabrication de l'huile de graine si répandue dans le Nord, où elle est réservée à des usines spéciales.

La fabrication de l'huile d'olive se fait exclusivement dans les départements méridionaux et par les cultivateurs eux-mêmes; il y a peu de grandes usines, et chaque producteur traite sa récolte : c'est une industrie annexe des fermes de ces contrées.

Voici en quelques mots les procédés de fabrication de l'huile d'olive, qui est identique à celle de noix.

Les olives, cueillies un peu avant la maturité complète, sont mises en dépôt dans des celliers ou dans des hangars, puis on les réduit en pâte à l'aide de *broyeurs* ou *moulins* (I); c'est l'opération du *détritage*, suivie par le *pressage*, qui s'effectue à l'aide de *pressoirs* (II) [1].

1. L'huile de première pression constitue la mère goutte ou l'huile vierge. La seconde pression ou *échaudage* se fait en présence de l'eau bouillante et donne l'huile à manger ordinaire: souvent on renouvelle plusieurs fois l'échaudage, tant qu'on peut obtenir de l'huile. Les *tourteaux* ou *grignons* sont alors livrés à des usines dites *recences* ou *moulins de recences*, qui en extraient une huile inférieure par des procédés industriels dont nous n'avons pas à nous occuper ici.

Les olives pèsent environ 68 kilogrammes l'hectolitre et contiennent 10 à 14 pour 100 d'huile.

I. Moulins à olives.

Très souvent ces moulins primitifs sont identiques aux *tours à piler* que nous avons déjà signalés à la page 48, à laquelle nous renvoyons le lecteur. Dans

Fig. 46. — Moulin à olives. (Cabasson.)

la Provence, on trouve fréquemment un moulin banal auquel les intéressés attellent un âne ou une mule.

On emploie souvent des moulins composés de deux meules tronconiques en pierre dure (granit) dont la surface est striée; ces meules, qui tournent sur une autre meule horizontale en pierre, sont garnies de couteaux ou racloirs qui détachent la pâte adhérente à leur surface. De semblables moulins sont menés à bras, au moyen d'un manège ou quelquefois par un moteur hydraulique.

Ces machines sont souvent remplacées par un moulin ou *tordoir* en usage dans les usines du Nord qui extraient l'huile de graine. Une de ces machines entièrement métallique est représentée dans la figure 46.

Le tordoir se compose de deux meules verticales cylindriques qui tournent dans une auge circulaire en fonte. Ces meules sont entraînées par un arbre vertical qui reçoit le mouvement au moyen d'un engrenage d'angle. Quelquefois une flèche se fixe à l'arbre vertical et la machine est commandée directement par un cheval qui travaille comme au manège. Les meules triturent les olives et les réduisent en pâte; des *rabats* ou racloirs fixés à l'arbre vertical remuent la pâte et la ramènent sous les meules.

Dans les huileries bien montées, au lieu d'obtenir la pâte en broyant l'ensemble de l'olive : pulpe et noyau, on commence par dépulper le fruit en le faisant passer dans une machine spéciale formée en principe d'un cylindre garni de pointes ou d'aspérités, tournant avec une certaine vitesse à l'intérieur d'un autre cylindre-enveloppe fixe en forte toile métallique, au travers de laquelle la pulpe s'échappe; les noyaux sortent à la partie inférieure de la machine.

II. Presses.

La pâte est distribuée dans des sortes de [sacs en sparterie (de 0 m. 50 à 0 m. 60 de diamètre), appelés *scourtins, scouffins* ou *cabas*, ouverts aux deux pôles.

La pâte se loge en couronne annulaire dans ces scourtins, qu'on empile les uns sur les autres sur la maie de la presse. Généralement, tous les cinq scourtins, on met une plaque circulaire en tôle percée d'un trou central pour permettre l'écoulement de l'huile. Les scourtins sont guidés par trois ou quatre tiges en fer fixées à la maie.

Fig. 47. — Presse à huile. (Mabille.)

Quant au mécanisme de serrage, il varie selon les constructeurs, et à ce sujet nous ne pouvons mieux faire que de renvoyer le lecteur au chapitre *Pressoirs*, p. 55. En général, dans les presses à huile, l'écrou tourne sur place et c'est la vis qui descend verticalement. La figure 47 représente une presse à huile avec l'écrou Mabille. Cet écrou est à la partie supérieure du chapeau qui réunit les deux colonnes fixées à la maie; le mécanisme de l'écrou est le même que celui représenté en plan fig. 37.

On a souvent des presses à huile dans lesquelles le mouvement de l'écrou est donné par un moteur quelconque commandant par une poulie et une série d'engrenages; ces presses sont quelquefois munies d'un dynamomètre, c'est-à-dire, quand la pression atteint une limite qu'il convient de ne pas dépasser, la tension des colonnes qui supportent le chapeau agit sur une tige qui chasse la courroie sur une poulie folle.

CHAPITRE V

BROYEUSES ET TEILLEUSES

PRÉPARATION DES FIBRES TEXTILES

Les plantes textiles (lin, chanvre, ramie, etc.) subissent, dans les exploitations rurales, certaines préparations avant d'être expédiées aux filatures. Ces préparations ont pour but de séparer les fibres des matières non utilisables, lesquelles représentent un déchet de 80 à 84 pour 100 en poids; cette énorme quantité de déchets, qui augmenterait les frais de transport si elle n'était pas enlevée à la ferme, y est utilisée comme engrais [1].

1. Les filaments des plantes textiles sont fortement agglutinés par une gomme-résine que l'on doit détruire afin de faciliter leur séparation; pour cela on plonge dans l'eau le lin ou le chanvre, réuni par bottes. Pendant cette opération, qui porte le nom de *rouissage*, il s'établit une sorte de fermentation. Si l'eau est courante, elle entraine les produits colorés de la fermentation de la matière gommo-résineuse et le textile acquiert une belle couleur blanc jaunâtre très recherchée. Lorsque l'eau est dormante, les bassins de rouissage, appelés *rouloirs*, exhalent des gaz malsains et infects, et les produits

La préparation de la filasse comprend :

1° Le broyage (I. Broyeuses);

2° L'écanguage ou teillage (II. Teilleuses);

3° L'affinage ou peignage, qui consiste à démêler les fibres en les passant à travers un peigne fixe formé de broches de fer ou de cuivre enfoncées dans une planche; dans les filatures on emploie des peigneuses mécaniques.

La grande industrie textile est toujours à la recherche de procédés chimiques pour le traitement direct du lin et du chanvre; déjà en 1859 MM. Léoni et Coblenz s'étaient occupés de cette question.

I. Broyeuses.

Le broyage, qui porte encore le nom de *macquage* ou *maillage*, se fait à l'aide d'une masse en bois dur (macque ou maque) avec laquelle on frappe les poignées de textile étalées sur un billot plat en pierre ou en bois; en Flandre, l'instrument porte le nom de *batte*.

Au commencement du siècle on voyait en Westphalie des moulins hydrauliques qui actionnaient quatre ou six pilons en hêtre servant de macques; en Flandre on employait encore des *moulins à battoirs* qui ressemblaient aux meules verticales décrites à la préparation de l'huile (voir fig. 46, p. 76); pour rem-

sont plus teintés. La rapidité de l'opération est en raison directe de la température.

Après sa sortie du routoir, le textile est mis en faisceaux, puis il est *éoré* ou *hâlé*, c'est-à-dire délié et étendu sur un pré au soleil pour le faire *blanchir*; cette opération, qui demande quinze à vingt jours, est souvent remplacée par un chauffage dans une étuve, une touraille ou dans un four à pain.

6

placer ces moulins, Catlinetti avait proposé une machine métallique assez ressemblante aux malaxeurs à beurre (voir chap. i, fig. 17); la table circulaire sur laquelle on étendait les fibres était striée et passait sous neuf cônes cannelés. En Allemagne on employait encore une machine formée de deux cylindres cannelés en bois placés l'un sur l'autre et mis en mouvement par engrenages et manivelles; c'était le début des broyeuses mécaniques actuelles.

Le macquage fait éclater l'enveloppe fibreuse, et l'on achève de rompre et de détacher la chènevotte par le broyage, qui se fait à l'aide de la *broie* à main, dont la manœuvre est longue et très pénible, surtout pour les femmes, qui sont généralement chargées de ce travail.

Aujourd'hui le macquage et le broyage sont obtenus d'un seul coup à l'aide de machines spéciales.

On a proposé les machines à battre en bout munies du batteur type écossais [1]. Dans l'Anjou, où l'on cultive beaucoup de chanvre, on emploie la broyeuse Dénéchaud, qui n'est autre qu'une broie à main (de construction métallique) mise en mouvement par une bielle et une manivelle calée sur un arbre commandé par une machine motrice à raison de 130 tours par minute.

Les broyeuses à mouvements alternatifs ne sont pas répandues; on préfère, avec juste raison, celles à mouvement continu, telles que les machines Leveau, Mèche, Barbier, Kauleck, etc.

En principe ces machines se composent d'un triple train de laminoirs, A, B et C (fig. 48), formés chacun de deux cylindres cannelés placés l'un au-dessus de l'autre; en avant se trouve une table T sur laquelle

<hr>

1. Voir *Machines agricoles*, 2e série, chap. iii.

ón étale le textile. L'écartement des cylindres va en diminuant et la denture des derniers, C, est plus fine et plus serrée que celle des premiers, A.

Dans la machine Kauleck, la filasse sort sur un grand cylindre lisse.

Au concours régional d'Angers en 1885, la machine Mèche (fig. 48), commandée par un manège à un

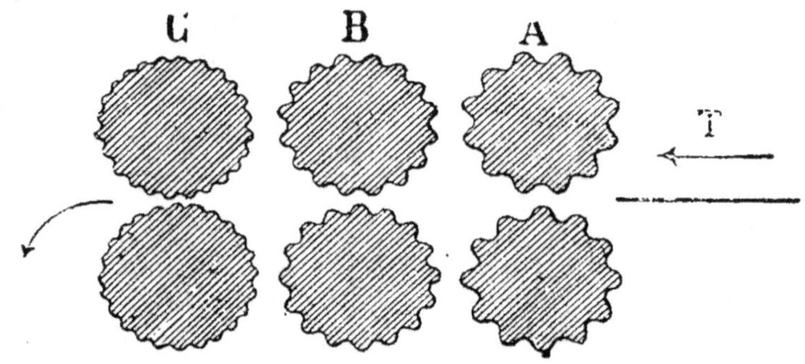

Fig. 48. — Coupe verticale d'une broyeuse.

cheval, traita 51 kilogr. 500 de chanvre brut qui donnèrent 13 kilogrammes de filasse en 1 heure 45 (y compris les arrêts, qui représentèrent 10 minutes). Les cylindres avaient 0 m. 70 de longueur et faisaient 18 tours par minute.

La broyeuse de Kauleck, à 4 paires de cylindres, produit 200 kilogrammes de lanières en 12 heures en utilisant une force motrice de 1/2 à 3/4 de cheval-vapeur.

II. Teilleuses.

L'opération qui consiste à isoler la fibre de la chènevotte broyée, nommée *espadage*, *échouage*, *écan-

guage, se fait à bras à l'aide d'*espades*, d'*espadons* ou d'écangues.

Dans les Flandres on remarquait déjà au commencement du siècle un *moulin* garni d'ailes en bois

Fig. 49. — Teilleuse.

ou écangues mis en mouvement par un homme (fig. 49); les ailes viennent battre une poignée de textile qu'un aide tient sur une planche à écanguer. Avec deux hommes, cette machine peut teiller 22 kilogrammes de lin par jour, tandis qu'un bon écangueur à bras ne peut traiter que de 4 kilogr. 500 à 5 kilogrammes de lin dans le même temps.

Au concours d'Angers de 1885, à la broyeuse de Mèche était annexé un *lisseur* qui opérait le teillage. Le lisseur est un batteur cône A B (fig. 50) à jour, portant 10 battes en fer, montées sur un arbre horizontal xx qui reçoit un mouvement de rotation par une poulie P, sur laquelle passe une courroie. Sur une planche D placée horizontalement, on appuie la poignée de filasse à lisser, et, suivant le travail que l'on veut obtenir, on la rapproche d'une des extrémités A ou B du batteur; pour dégrossir, la poignée est placée

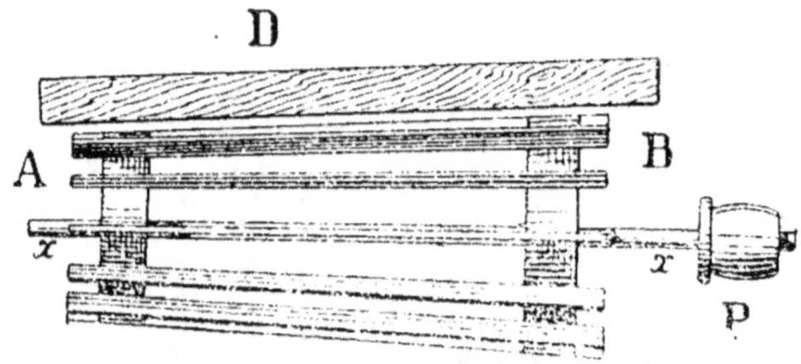

Fig. 50. — Plan du lisseur Mèche.

vers le point A, où la vitesse à la circonférence est la plus faible; au fur et à mesure que la chènevotte s'enlève, on glisse la poignée de filasse sur la planche D vers la grande base B du batteur; le batteur a 1 mètre de longueur, 0 m. 40 et 0 m. 50 de diamètre et fait de 270 à 280 tours par minute. En quatre minutes, 1 kilogr. 100 de filasse de chanvre fut teillé et donna 0 kilogr. 900 de filasse lissée.

Dans les décortiqueuses à ramie (de Landtsheer, Barbier, de la Société américaine des fibres, etc.), le batteur est formé de deux tambours cylindriques à ailettes qui tournent en sens inverse l'un de l'autre et débarrassent les fibres de la chènevotte.

CHAPITRE VI

MACHINES DESTINÉES
A LA PRÉPARATION DES ENGRAIS

La préparation des engrais est une des plus importantes opérations qui s'effectuent dans les exploitations rurales, l'engrais représentant une part très élevée du capital destiné à rapporter les récoltes.

L'engrais le plus généralement employé est le *fumier de ferme*, qui est un mélange de litière et de déjections solides et liquides. Ce fumier est mis en tas sur une aire appelée *plate-forme* ou dans une sorte de grande *fosse*. L'égouttage du purin et les eaux pluviales se réunissent dans une citerne placée à la partie inférieure de la fosse. Mais il faut conserver au fumier une certaine humidité afin d'empêcher sa dessiccation : on l'arrose fréquemment avec le purin, puisé dans la citerne à l'aide de seaux, d'écopes ou mieux de *pompes à purin* (1).

Quant aux engrais chimiques, d'un emploi si général aujourd'hui, le commerce les fournit à l'état pulvérulent. Le cultivateur se borne à les mélanger. Les tourteaux sont broyés à la ferme dans des machines spéciales[1]. Quelquefois, pour éviter les fraudes, on pré-

1. Voir *Machines agricoles*, 2ᵉ série, p. 161.

fère acheter les matières premières des engrais et les pulvériser à la ferme dans des *broyeurs* (II), suivis de mélangeurs et quelquefois de cribleurs ou blutoirs : c'est ainsi qu'on traite les os. Mais il est à remarquer que ces machines employées dans les fermes ne doivent traiter que des matières assez faciles à pulvériser, sinon l'opération cesse d'être profitable ; dans le cas des matières très dures, comme les coprolithes, il n'y a que les usines bien outillées qui soient capables de les broyer à bas prix.

Ainsi, pour fixer les idées à ce sujet, voici des chiffres que j'ai puisés chez M. H. Rouche, extracteur de phosphates dans les Ardennes, le Boulonnais et la Meuse.

Après le lavage, qui se fait à bras ou mécaniquement, les *nodules* de phosphate sont portés au séchoir, puis de là passent au concasseur et enfin au moulin. Les moulins, à meules horizontales, sont analogues à ceux qu'emploie la meunerie ; ces meules, de 1 m. 70 de diamètre et de 0 m. 46 d'épaisseur, sont en pierres très dures, plus résistantes que celles des moulins à blé ; chaque paire pèse 5 500 kilogrammes. La meule volante fait 90 tours à la minute et exige une puissance de 12 chevaux-vapeur.

I. Pompes à purin.

Nous aurions pu renvoyer l'étude de ces pompes au chapitre des *Machines élévatoires* ; mais, comme elles doivent fonctionner dans de certaines conditions, elles exigent en quelque sorte une construction spéciale.

Les pompes à purin doivent élever un liquide souvent assez épais, quand on arrive au fond de la fosse, mais contenant toujours en suspension une assez grande quantité de détritus, qui, dans les machines mal établies, ne tardent pas à engorger les organes et arrêter leur fonctionnement.

Lorsque l'installation de la fosse à purin le permet, il est recommandable d'élever au-dessus de cette fosse une charpente légère supportant une plate-forme sur laquelle on monte une *pompe à chapelet* (A), sinon on peut placer à même dans la fosse une *pompe foulante* (B); enfin, si la fosse est fermée par une dalle, ou si l'installation du fumier l'exige, il faut avoir recours à une *pompe aspirante et foulante* (C).

Au point de vue de la classification scientifique des pompes, nous renvoyons le lecteur au chapitre des *Machines élévatoires*, p. 142.

A. POMPES A CHAPELET.

Ces pompes, encore appelées *pompes-chaines*, sont les plus recommandables pour le service des fumiers. Les figures 51 et 52 représentent l'élévation de face et de profil d'un excellent modèle.

La pompe est formée par un tube vertical en fonte AB fixé contre un mur ou maintenu par une légère charpente; la partie inférieure B est en entonnoir; à la partie supérieure A se trouve un dégorgeoir. L'organe principal est une chaîne sans fin en fer, garnie de distance en distance de disques lenticulaires en fonte. Cette chaîne s'enroule sur une poulie à gorge E qui lui donne le mouvement; la poulie est montée sur un arbre horizontal CD tournant dans deux coussinets *mn*; en F se trouve un volant à manivelle sur laquelle agit un manœuvre placé sur la plate-forme K.

En faisant tourner le volant F, la chaîne s'élève

dans le tube AB; les disques, formant pistons, entraînent

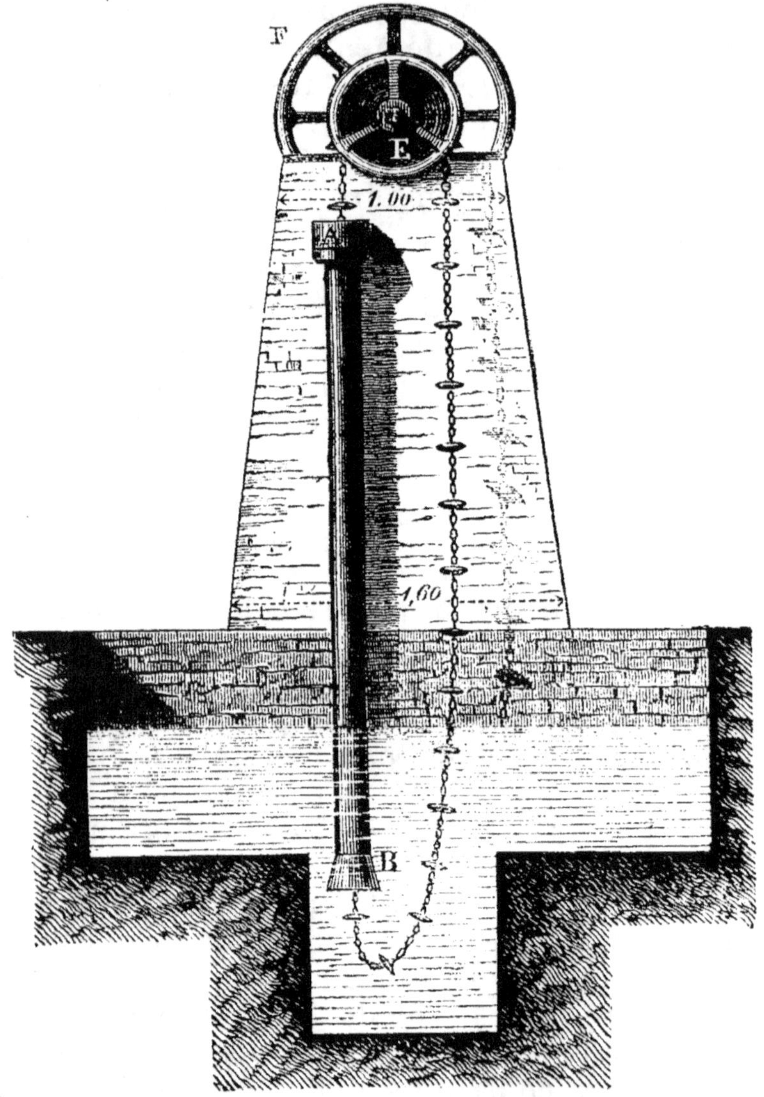

Fig. 51. — Vue de face d'une pompe à chapelet.
(Guilleux-le-Dantec.)

le liquide et l'élèvent jusqu'au dégorgeoir A, où il

est reçu dans un récipient, dans lequel on puise ave

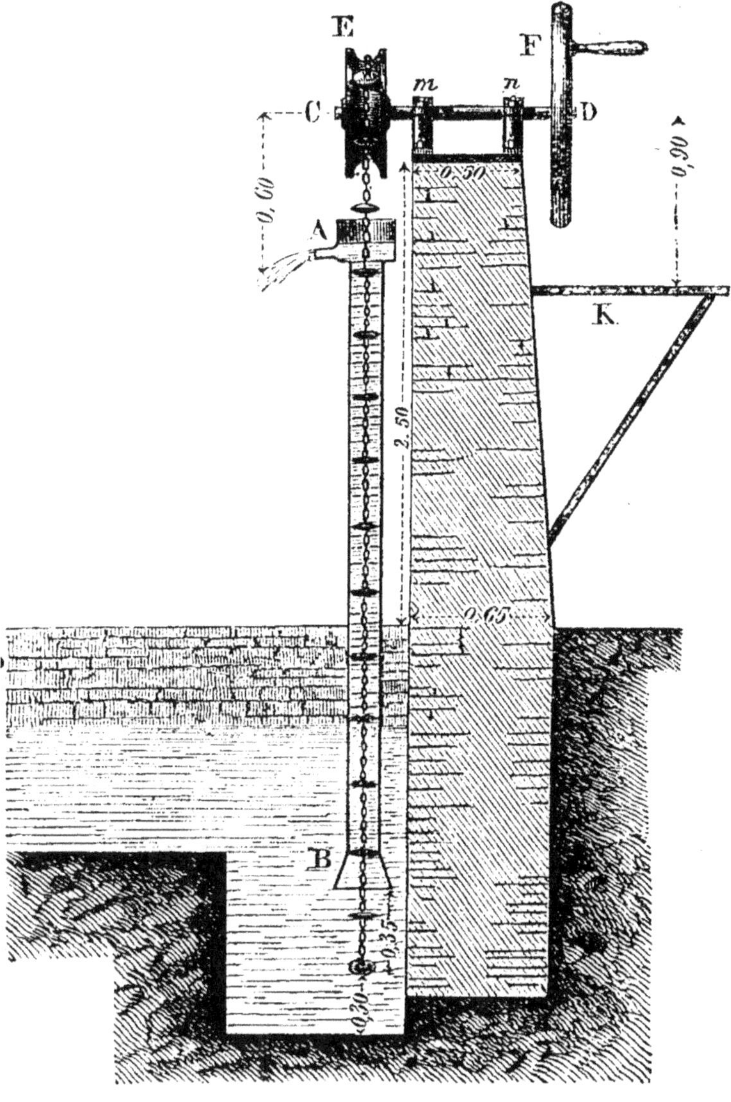

Fig. 52. — Vue de profil d'une pompe à chapelet.

des seaux; on peut encore adapter en A des goulottes en bois ou en métal chargées de repartir le purin sur le tas de fumier.

Cette pompe ne craint aucun engorgement : elle élève les liquides les plus épais ; enfin elle ne craint pas les gelées, car le tube A B se vide seul aussitôt que la machine cesse de fonctionner.

B. POMPES FOULANTES.

Parmi les pompes foulantes employées pour l'élévation des purins, nous ne citerons que la pompe Fauler à piston plongeur, dont la coupe est indiquée par la figure 53.

Cette pompe, entièrement en fonte grise, se compose d'un corps cylindrique 12-13, boulonné sur une semelle en bois qu'on descend dans la fosse ; la partie inférieure 13 constitue une lanterne de 0 m. 13 de hauteur, percée d'orifices par lesquels s'introduit le liquide ; la partie centrale 12 se relie par un

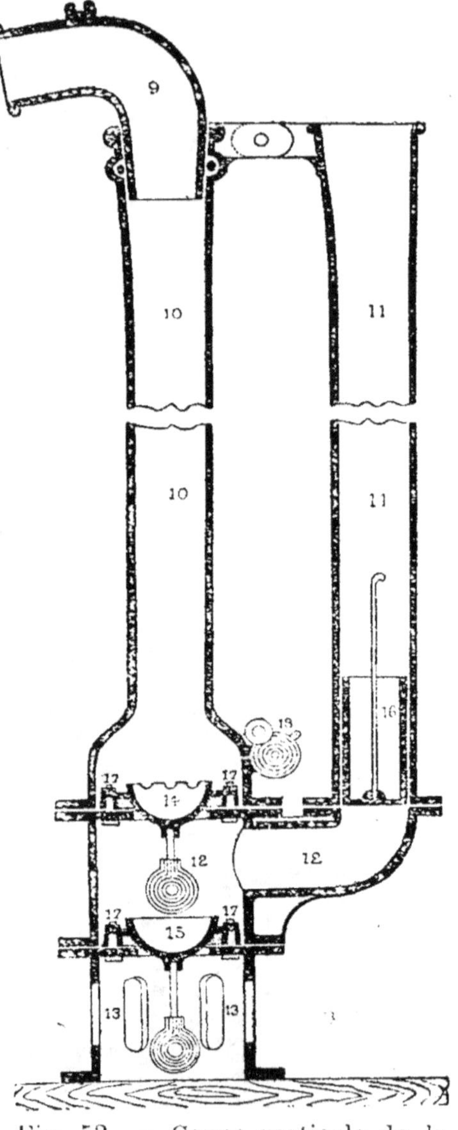

Fig. 53. — Coupe verticale de la pompe Fauler.

coude avec un cylindre vertical 11, ouvert par le hau
et dans lequel se meut le piston plongeur 16, fixé
l'extrémité d'une tige de bois[1]. Les soupapes en font
14 et 15 sont hémisphériques à contrepoids inférieurs
elles reposent sur des sièges 17 en caoutchouc; enfin l
cylindre 12 se termine par le tuyau de refoulement 10

Lorsque le piston 16 s'élève, le purin rentre par l
lanterneau 13, soulève la soupape 15, et pénètre dan
le cylindre 11. Lorsque le piston s'abaisse, le refoul
ment dans le tuyau 10 a lieu en soulevant la sou
pape 14.

La hauteur de refoulement est variable; on emboît
sur le tube 10 un certain nombre de tuyaux de font
dont les joints sont formés par une bague en caou
tchouc; ces tuyaux ont des longueurs diverses (0 m. 50
0 m. 80, 1 mètre), enfin on termine par un coude
A la partie inférieure du premier tuyau de refoul
ment 10, se trouve une soupape de vidange à boule
18, à laquelle on attache un fil de fer ou une ficell
qui arrive au niveau du sol et qu'on lève légèremen
pour vider le tuyau de refoulement afin de préveni
les accidents pendant les gelées.

Lorsque la hauteur de refoulement dépasse 6 mètre
la tige du piston peut être manœuvrée au moyen d'u
levier mobile dans le plan vertical.

C. POMPES ASPIRANTES ET FOULANTES.

Pour ce qui est relatif à la théorie de ces machine
nous renvoyons le lecteur au paragraphe des pomp
à piston du chapitre VIII (p. 145). Nous nous bor
nerons à dire que les pompes aspirantes et foulante

---

1. La tige en bois, qui est de longueur variable, n'es
pas représentée dans la figure 53.

Fig. 54. — Pompe à purin. (Noël.)

spécialement établies en vue de l'élévation du purin
sont montées sur une brouette à deux roues (fig. 54).

Le piston est plein et formé de 1 ou 2 cuirs emboutis; il se meut généralement dans le plan vertical et

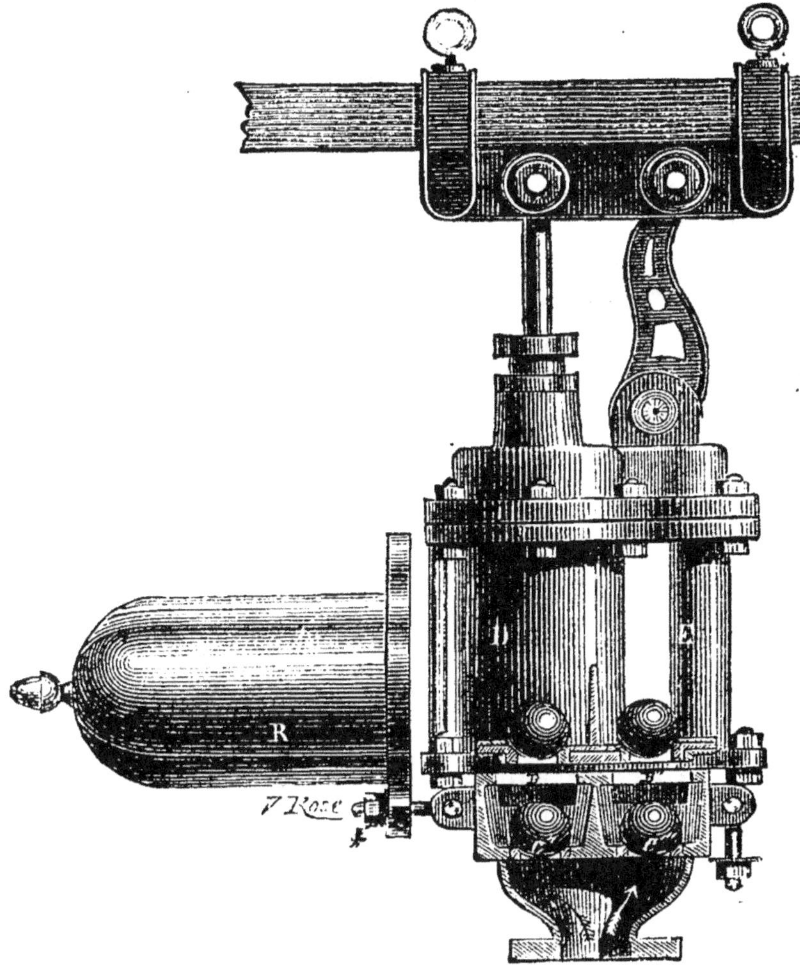

Fig. 55. — Détail de la pompe *la Gloutonne*. (Beaume.)

est actionné par un balancier articulé d'une part à la
tête du piston et d'autre part à une petite bielle.

La figure 54 représente un excellent modèle à double effet ; dans cette machine la visite des clapets a lieu en enlevant une plaque qui est maintenue en place par deux petits volants à vis.

Dans *la Gloutonne* les clapets sont réunis dans une seule boîte, placée au-dessous du réservoir de compression, ainsi que l'indique le détail représenté par la figure 55. Le corps de pompe est en D, et communique à sa partie supérieure, par le tuyau vertical E, avec la chambre B″ latérale à une autre B ; chaque chambre porte deux boules en caoutchouc faisant office de soupapes : l'une d'aspiration C′ C″, l'autre de refoulement BB′. Pour vérifier l'état de ces soupapes, il suffit d'enlever le réservoir R, maintenu en place par les boulons à excentriques F F ; la figure 55 représente le réservoir R enlevé et une coupe verticale passant par la chambre des soupapes.

Dans ces pompes, les tuyaux sont réunis par des raccords en fonte ou en bronze ; les tuyaux d'aspiration sont en caoutchouc ou en cuir garnis intérieurement d'une spirale en fil de fer ; les tuyaux de refoulement sont en toile, en cuir ou en caoutchouc, et se terminent souvent par une lance et un ajutage qui projette le liquide au loin, soit en un seul jet, soit étalé en éventail.

Ces pompes à purin conviennent pour la vidange des fosses d'aisances ; elles servent aussi à l'arrosage et, en cas de besoin, comme pompes à incendie.

II. Broyeurs d'engrais.

Nous avons vu, à l'introduction de ce chapitre, que, le broyage des engrais nécessitant un énorme travail mécanique, cette opération n'est pas, en général, très économique à effectuer dans les exploitations agricoles, à moins d'y employer les ouvriers pendant le chômage des travaux de culture, ou que l'on dispose d'une force motrice. Le principal avantage que l'on retire des broyeurs est de pouvoir traiter séparément les éléments, puis les mélanger ensuite, travail que certains agriculteurs préfèrent à l'achat de mélanges préparés d'avance, dans la crainte de la fraude. Les stations agronomiques et laboratoires agricoles, installés aujourd'hui dans presque tous les départements, ainsi que les syndicats, diminuant les chances de fraudes en contrôlant les matières fertilisantes du commerce par des analyses chimiques, ont pour résultat de restreindre, si ce n'est de supprimer, l'emploi des broyeurs d'engrais.

A la ferme, le broyage des tourteaux, se fait avec des broyeurs à tourteaux déjà étudiés dans le deuxième volume, chapitre VIII.

CHAPITRE VII

APPAREILS DE TRANSPORT

La question des transports dans les fermes présente un très grand intérêt : en effet, il n'y a pour ainsi dire pas de jours dans l'année où le cultivateur ne soit obligé de transporter un certain poids de matières.

Chaque jour, il faut porter au bétail les fourrages et autres aliments, retirer les fumiers des étables pour les porter à la fosse ou au tas, monter les grains dans les greniers, etc. : ce sont les *transports à petite distance*.

Le matin et le soir on transporte les instruments de culture de la ferme aux champs, et réciproquement ; à certaines époques il faut faire les charrois du fumier, des composts, des terreaux, des engrais chimiques ; il faut rentrer les récoltes à la ferme, effectuer le transport des bois abattus, etc. : ce sont les *transports à moyenne distance*.

Enfin on a assez fréquemment à effectuer des *transports à grande distance*, lorsqu'il s'agit de porter les denrées sur les marchés, aux gares de chemins de fer ou aux canaux, ou en ramener des combustibles, des engrais, des matériaux de construction, etc.

Ces divers transports, si fréquemment répétés dans

les exploitations rurales, augmentent les frais de production de 10 à 20 pour 100 suivant les distances et le matériel employé.

Les transports à petite distance s'effectuent souvent à bras : le blé mis en sac est monté à dos d'homme dans les greniers. Souvent on emploie différents appareils dans le but de faciliter ces transports : ce sont des hottes, des paniers, des crochets, etc. D'autres fois on se sert de civières.

Parmi les nombreux appareils proposés et employés pour les transports, nous étudierons :

1° Les traîneaux ;

2° Les brouettes ;

3° Les voitures (A charrettes, B tombereaux, C fardiers, D chariots) ;

4° Les chemins de fer agricoles.

Certains véhicules (traîneaux) se déplacent sur le sol en y exerçant un frottement de glissement que l'attelage doit vaincre pour entraîner la charge ; d'autres fois, il n'y a qu'à surmonter un frottement de roulement qui dépend de la nature de la voie et du diamètre des roues ; enfin, lorsque la voie est très dure et lisse, telle que les rails des chemins de fer, la traction est très faible.

Pour fixer les idées, voici les résistances à la traction d'une charge de 1 000 kilogrammes :

Avec des traîneaux suivant la nature du sol......................	300 à 700 kilogr.	
Voiture sur une route bien empierrée.	30 kilogr.	
— — pavée en bon état.	20	—
Avec un chemin de fer à rail creux (tramway)......................	7	—
Avec un chemin de fer à rail saillant. { Grandes voies.	2 kil. à 3 kil. 500	
{ Voies étroites.	6 à 7 kil.	

I. Traîneaux.

Ces véhicules sont constitués en principe par deux longrines de bois parallèles entre elles et maintenues à écartement par des traverses; ces longrines se relèvent en avant.

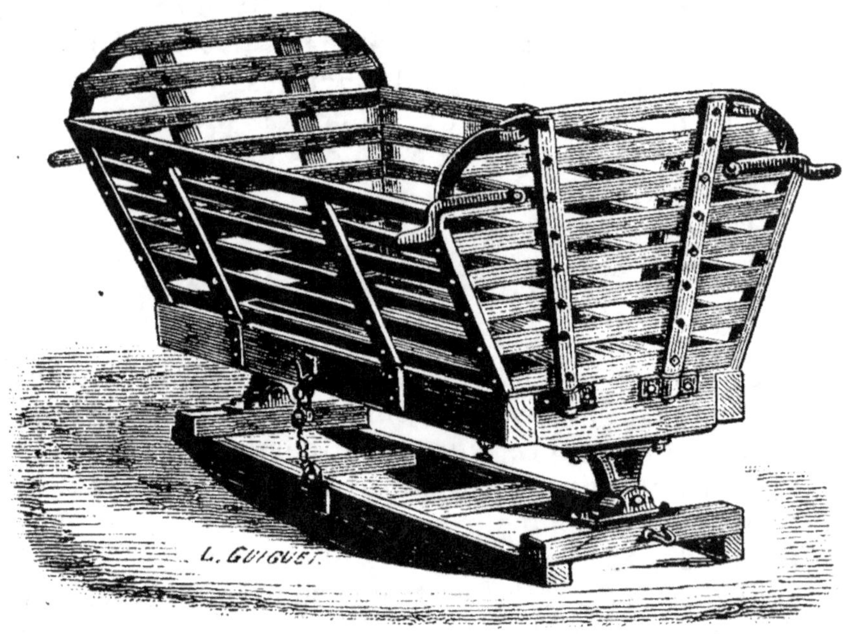

Fig. 56. — Traîneau débardeur à betteraves. (Bajac.)

Souvent le bois frotte à même sur la voie : tels sont les *schlittes* qui servent à descendre des montagnes les lourdes charges de bois ; les traîneaux employés à descendre les foins des pàturages élevés de Suisse et des Hautes-Alpes sont tout en bois et peuvent recevoir une charge de 1 m. 20 de longueur.

Le transport des fumiers des étables aux tas se fait souvent à l'aide des traîneaux à plate-forme ; les longrines sont doublées d'une semelle de fer et portent à leurs extrémités des crochets d'attelage : la plate-forme, constituée par un plancher, est pointée sur les longrines.

L'enlèvement de certaines récoltes, betteraves, choux, etc., coïncide avec l'époque des grandes pluies, qui détrempent les champs et empêchent les véhicules d'y pénétrer sous peine de s'embourber. Pour parer à cet inconvénient, on fait usage de tom-

Fig. 57. — Chariot E. Puzenat.

bereaux montés sur traîneaux. Dans le tombereau à betteraves représenté fig. 56, la caisse à claire-voie, d'une contenance de 0 m. 8 à 1 mètre cube, est montée à bascule sur deux patins en bois doublés d'une semelle d'acier ; les deux côtés de la caisse sont à charnières et peuvent s'ouvrir de façon à déverser le contenu à droite ou à gauche ; l'appareil est tiré indistinctement d'un côté ou de l'autre.

Les charrues et les herses se transportent souvent de la ferme aux champs, et réciproquement, sur de

petits traîneaux en bois doublés d'un patin en]fer.
Les herses portent ordinairement des barres de bois
(fig. 29, 1er volume) ou de fer (fig. 31, 33, 1er volume)
destinées à jouer le rôle de traîneaux et fixées directement à leur bâti.

Comme ces traîneaux dégradent les routes et les
chemins : on les remplace, dans la culture améliorée,
par de petits véhicules à roues, qui portent néan-
moins le nom de *traineaux*. Ces chariots, à 3 ou
4 roues, sont ordinairement métalliques, ainsi que le

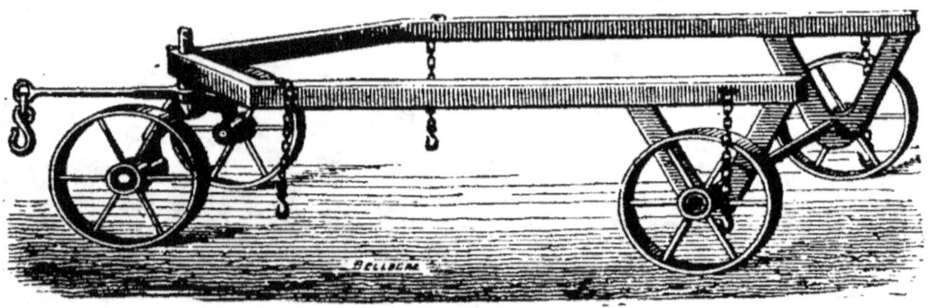

Fig. 58. — Chariot à 4 roues.

représentent les figures suivantes : 57 (chariot à
3 roues destiné au transport de la herse *la Cou-
leuvre* (fig. 33 du 1er volume); 58 (chariot à 4 roues
et avant-train sur lequel on maintient les machines,
charrues, herses, etc., par quatre chaînettes); et 59
(chariot à 4 roues et à avant-train utilisé pour le
transport des herses, pièces de rechange, etc.).

Pour les brabants et autres charrues montées sur
roues-supports on emploie des traîneaux à 1 ou 2
roues, que l'on fixe aux étançons. Dans le 1er volume
on trouve plusieurs exemples de ces traîneaux : la
figure 12 (charrue à 2 raies disposée pour le transport) et la figure 91 (arracheur de betteraves).

La figure 60 représente un de ces traîneaux pour
brabants doubles, le corps du brabant étant placé

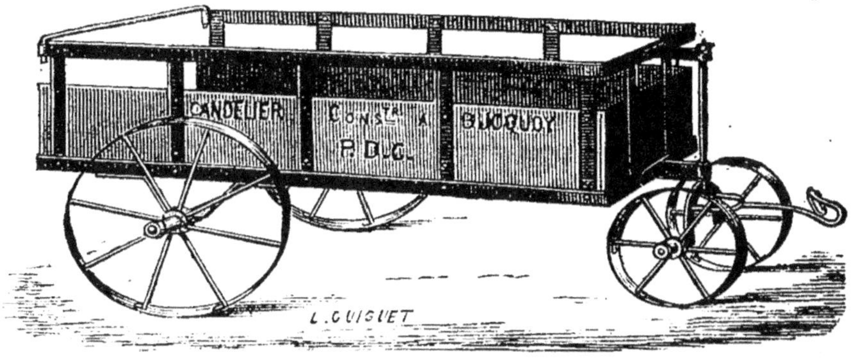

Fig. 59. — Chariot Candelier.

horizontalement, le corps qui verse à droite est gou-
pillé en e, l'autre repose sur la patte d. La tringle ac

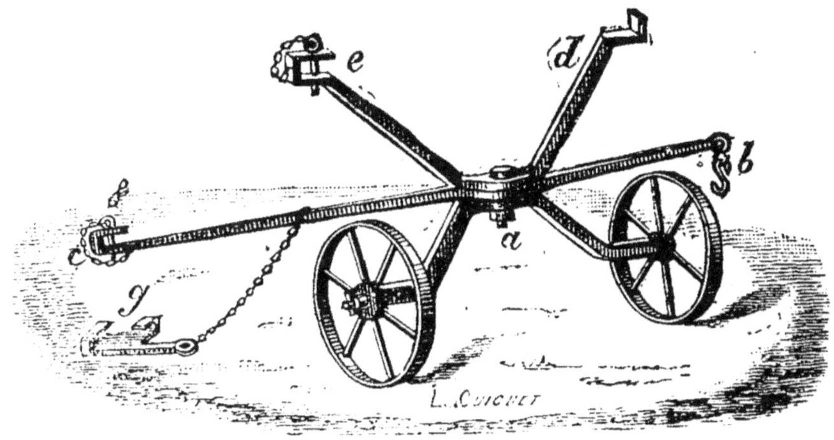

Fig. 60. — Traîneau de brabant double.

se fixe, par le crochet c, à l'essieu des roues-supports
et est maintenue par la goupille f. La tige ab, solidaire avec les petites roues, reçoit le crochet de tirage

et forme avant-train avec la cheville ouvrière a. On voit en g une plaque-crochet destinée à immobiliser, dans les descentes, une des roues-supports, de façon à former sabot et à ralentir la vitesse de l'ensemble.

II. Brouettes.

On attribue à tort l'invention de ce véhicule au célèbre Blaise Pascal [1] (1623-1662). La brouette se

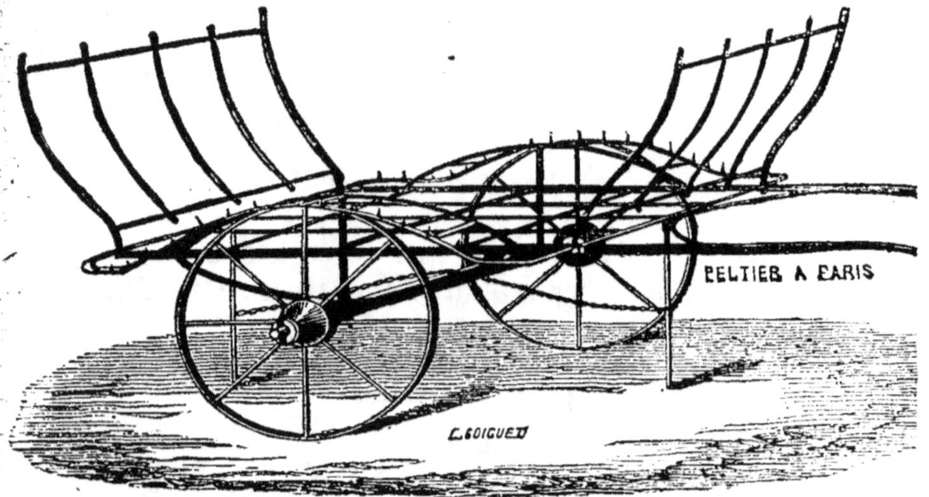

Fig. 61. — Brouette à fourrages. (Senet.)

compose de deux brancards ou manches à poignées réunis par des traverses et soutenus à l'avant par une roue; en arrière les brancards portent deux pieds. Sur le bâti on monte soit des ridelles ou des cornes lorsqu'il s'agit de transporter des fourrages ou des fumiers (fig. 61), soit un coffre ou caisse lorsqu'on a

1. On trouve de nombreux dessins de brouettes dans des manuscrits du XIIIe siècle de la Bibliothèque nationale.

à effectuer des transports de terres, de racines, etc..
(fig. 62, 63 et 64). Ordinairement la carcasse (brancards, traverses, etc.) est en orme et la caisse en

Fig. 62. — Brouette type français.

sapin ou en peuplier, afin d'alléger le *poids mort* du
véhicule.

Fig. 63. — Brouette type anglais. (Chambard.

Parmi les brouettes à coffre on distingue celles du
type français et celles du type anglais.

La brouette dite française (fig. 62) présente plusieurs inconvénients : elle est basse sur roue et, par suite, dure au roulage ; les parois du coffre sont presque verticales, ce qui oblige à retourner toute la brouette pour effectuer le déchargement ; enfin elle est trop longue de brancards, ce qui répartit mal la charge et facilite les oscillations en rendant la manœuvre fatigante au rouleur.

La brouette anglaise (fig. 63) a des brancards courts

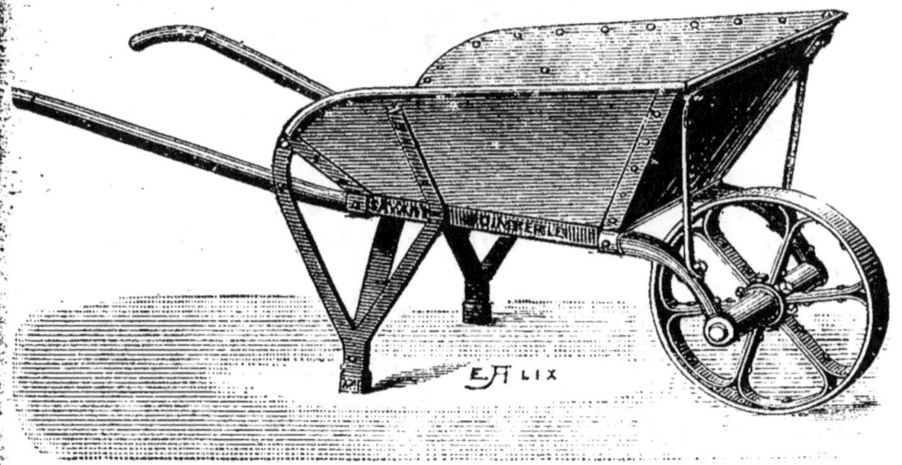

Fig. 64. — Brouette métallique. (Savary.)

et écartés qui permettent au rouleur de maintenir facilement la charge en équilibre ; la caisse est très évasée et le déchargement latéral ou en avant s'obtient en ne donnant qu'une faible inclinaison au véhicule ; enfin la roue est relativement plus grande. La figure 64 représente une brouette entièrement métallique (son poids est d'environ 40 kilogrammes).

La brouette à coffre a généralement des brancards de 1 m. 85 de longueur, dont 0 m. 65 comme manches, 0 m. 50 supportant le coffre et 0 m. 60 pour recevoir la roue, qui a environ 0 m. 50 de diamètre. Ces brouettes pèsent, vides, de 20 à 30 kilogrammes

(22 kilogrammes en moyenne) et peuvent contenir 1/30e de mètre cube.

Voici d'après de Gasparin les rapports comparés du transport des terres à la brouette, à la civière, à la hotte et au panier, en 10 heures de travail, pour une distance moyenne de transport de 60 mètres :

APPAREILS DE TRANSPORT	PANIER	HOTTE	CIVIÈRE	BROUETTE
Nombre de voyages par jour..................	500	333	333	400
Poids transporté par voyage...............	10^k	50^k	50^k	40^k
Nombre de porteurs pour un chargeur....	6,8	2,05	4,1	2,14
Poids total transporté..	5000^k	16 650^k	16 000^k	16 000^k
Parcours en 10 heures..	30 000^m	20 000^m	32 000^m	24 000^m

Pour le transport des fourrages, pailles, fumiers, fagots, bois, etc., on a des brouettes à civière qui ont

Fig. 65. — Brouette à deux roues. (Paupier.).

des brancards de 2 mètres à 2 m. 50; elles sont souvent montées sur deux roues (fig. 64 et 65).

Dans beaucoup de cas on substitue avantageusement à ces brouettes des *camions* montés également sur deux roues.

Dans certaines régions (Est), les engrais liquides se

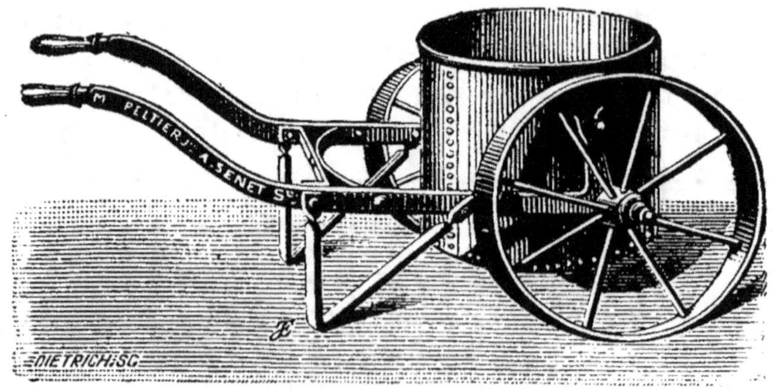

Fig. 66. — Brouette à liquides. (Senet.)

Fig. 67. — Brouette à lait. (Pilter.)

transportent aux champs dans des tonneaux ou des

baquets suspendus aux brancards d'une brouette à la place du coffre (fig. 66).

Dans certaines localités on transporte le lait à la ferme ou à l'usine centrale avec des brouettes spéciales. La figure 67 représente une de ces machines dont la boîte indépendante repose par deux tourillons, sur des ressorts de caoutchouc; cette boîte se dépose facilement à terre en soulevant la poignée de la flèche [1].

Le transport des sacs

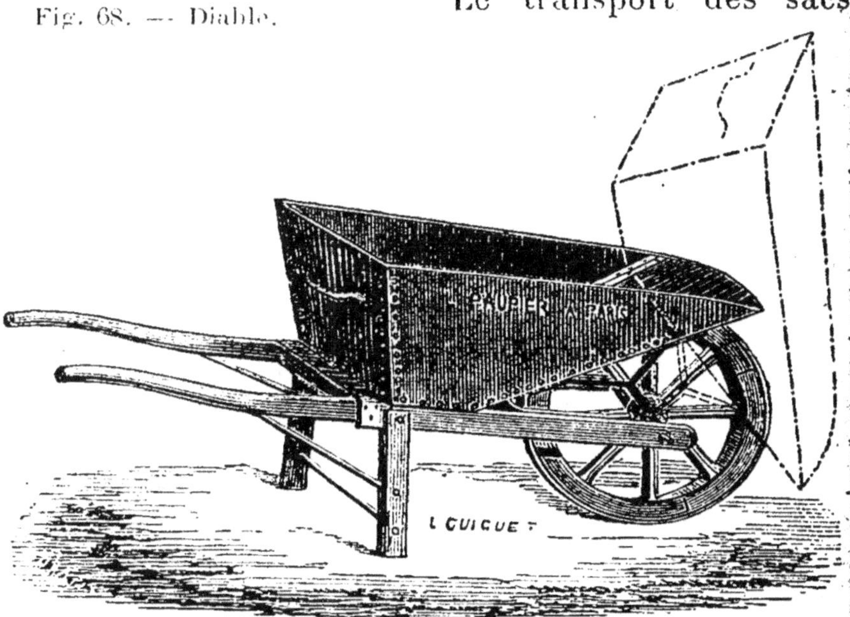

Fig. 68. — Diable.

Fig. 69. — Brouette à caisse basculante.

1. Cette poignée n'est pas représentée dans la figure 67.

caisses, etc., s'effectue à l'aide de brouettes spéciales montées sur deux petites roues basses en fonte; l'avant, légèrement recourbé, est formé par une bande de tôle (*diables* ou *cabrouets*, fig. 68).

Enfin il y a des brouettes à caisse basculante qui facilitent les déchargements (Paupier, Durenne. etc., fig. 69).

III. Voitures.

Une voiture est formée de deux parties principales : le *train*, qui comprend les roues et leur essieu, et la *cage*, qui varie de forme suivant les fardeaux à transporter.

La cage est placée directement sur le train dans les *voitures non suspendues*, et c'est le cas le plus général en agriculture; les *voitures* sont *suspendues* lorsque l'on intercale des ressorts entre le train et la cage.

Les voitures sont à deux ou à quatre roues; les premières sont appelées *charrettes*, les secondes *chariots*. Les véhicules montés sur trois roues sont assez rares, cependant on en rencontre dans le nord de la France et en Belgique. Enfin on distingue les voitures à chevaux ou à bœufs, et celles à un, deux, trois animaux et plus.

Les charrettes prennent différents noms selon la forme de la cage : elles sont à *coffre* ou à *ridelles*, et dans ce dernier cas sont garnies de *cornes* ou ridelles pour le transport des fourrages; lorsque les cornes sont courtes, on les nomme *guimbardes*. Le *haquet* est une charrette sans ridelles et à bascule, spécialement disposée pour le transport des ton-

neaux ; le *tombereau* est à coffre et à brancards arti‑
culés à bascule ; le *fardier* sert au transport des char‑
pentes et des arbres en grume.

La charge transportée par un cheval varie selon la
nature de la route ; elle est d'autant plus élevée par
cheval que l'attelage est moins nombreux ; voici à ce
sujet des chiffres donnés par de Gasparin :

Charrettes.

ATTELAGE NOMBRE DE CHEVAUX	POIDS MORT DU VÉHICULE	CHARGE MOYENNE UTILE		CHARGE TOTALE	CHARGE MOYENNE TOTALE PAR CHEVAL
		TOTALE	PAR CHEVAL		
1	500	941^k	941	$1\,441^k$	$1\,441^k$
2	900	1 977	988	2 877	1 438
3	1 200	2 733	911	3 933	1 311
4	1 350	3 700	925	5 100	1 275
5	1 500	3 925	785	5 425	1 085
6	1 500	3 942	657	5 442	907
7	1 500	3 978	568	5 478	783
8	1 500	3 384	460	5 484	685

« Ce tableau montre que le maximum d'effet utile
s'obtient par les voitures de un à quatre chevaux,
mais qu'il diminue ensuite rapidement, de sorte qu'à
huit chevaux il n'est pas la moitié par cheval de ce
qu'il est pour les voitures de un à quatre chevaux.
Nous y voyons aussi que la charge moyenne qu'un
cheval est susceptible de tirer diminue de un à huit
chevaux, et que dans ce dernier cas chaque cheval
ne tire pas la moitié de ce que tire un cheval seul. »
(DE GASPARIN.)

Cette diminution de traction s'explique en ce que

les différents animaux de l'attelage ne donnent pas leurs efforts régulièrement et simultanément; ils se contrarient les uns les autres dans une certaine mesure.

D'après le tableau précédent, les charges utiles transportées sont à peu près les mêmes par cheval pour les attelages de un, deux, trois ou quatre animaux (941 kilogr., 988 kilogr., 911 kilogr., 925 kilogr.). En agriculture, les attelages sont rarement composés de plus de quatre animaux.

On admet en général les chiffres suivants qui donnent les attelages les plus avantageux à employer suivant les distances à parcourir :

DISTANCES	ATTELAGES
De 0 à 600-800 mètres....	1 cheval.
De 600-800 mètres à 1 200-1 400 mètres. .	2 chevaux.
De 1 200-1 400 à 3 000 mètres............	3 chevaux.
Plus de 3 000 mètres............	4 chevaux.

Nous avons vu que le *train* se compose des roues et de leur essieu.

La roue se divise en trois parties : une centrale ou *moyeu*, une annulaire ou *jante,* et les *rais* qui réunissent les deux parties précédentes.

Dans les roues ordinaires, toutes ces pièces sont en bois : le moyeu en orme tortillard, les rais en cœur de chêne ou d'acacia fendu et non scié, et les jantes en chêne ou en orme. Le moyeu porte à l'intérieur une *boîte* en fonte qui tourne sur la *fusée* de l'essieu;

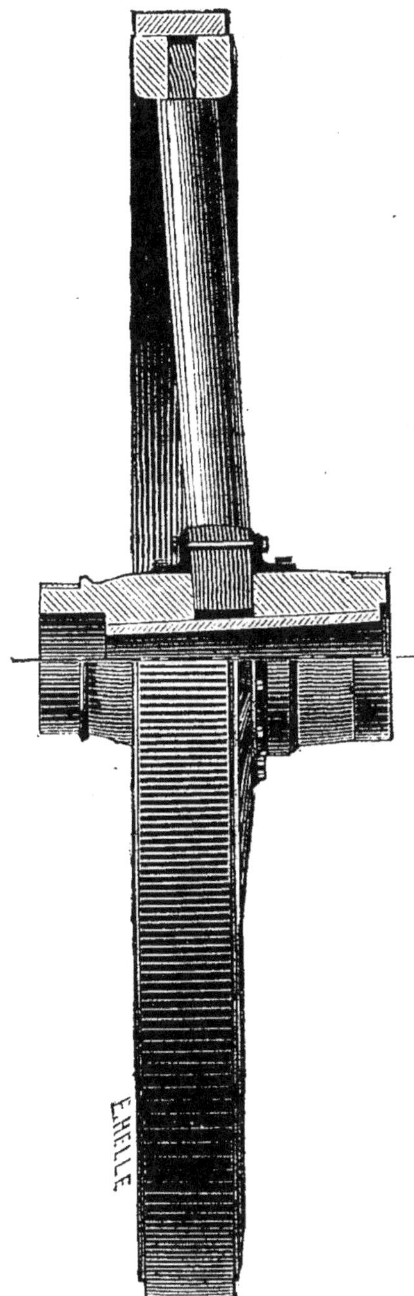

Fig. 70. — Roue armée. (Chambard.)

deux frettes ou *cordons* consolident extérieurement le moyeu et l'empêchent de se fendiller.

La jante est recouverte extérieurement d'une bande de fer ou *cercle* qui consolide l'ensemble de la roue et la garantit contre l'usure ; le cercle est posé à chaud et est fixé par quelques boulons. Pendant les grandes chaleurs de l'été, le bois de la roue se dessèche, se retire, et le cercle joue sur la jante : il faut *châtrer* la roue, c'est-à-dire enlever le cercle pour le resserrer, et le remettre à nouveau.

Dans les roues en bois, dites « armées », du système A. Chambard (fig. 70), deux collerettes en fer cornières serrées par des boulons relient, de chaque côté de la roue, le pied des rais avec le moyeu, établissent une grande solidarité entre ces diverses pièces, évitent des ruptures et facilitent le remplacement des rais cassés.

Depuis quelques années on emploie des roues complètement métalliques, qui n'ont pas besoin d'être châtrées.

Ces roues, qui ont toutes le moyeu en fonte (fretté ou non fretté), sont de différents systèmes. Les plus fortes ont les rais en fer plat rivés à la jante, qui souvent est constituée par un fer à simple T (fig. 71, 72); pour les véhicules légers, les rais sont en fer

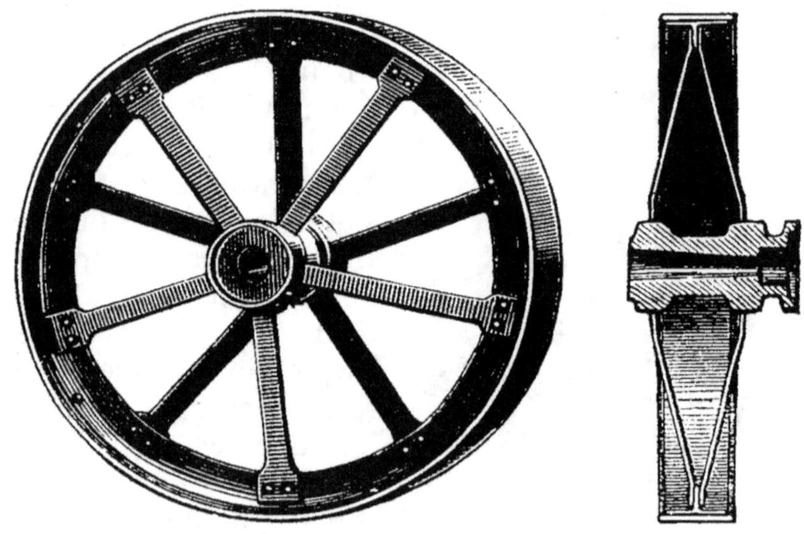

Fig. 71.   Fig. 72.

Vue de face et coupe d'une roue métallique.

rond ou olive, rivés à la jante, qui est constituée par un fer méplat ou demi-rond qui reçoit un bandage en fer (fig. 73).

Les roues du système mixte dit « impérissable » (fig. 74) sont formées d'un moyeu en fonte, de rais en fer rivés à un premier cercle en fer en U dans lequel est encastrée une jante en bois injecté; un bandage en fer est posé à chaud par-dessus la jante, qui, ainsi maintenue entre deux fers, ne craint plus l'humidité ou la sécheresse; les moyeux de

8

l' « impérissable » sont garnis d'une boîte en fonte analogue à celle des roues en bois, facilement rem-

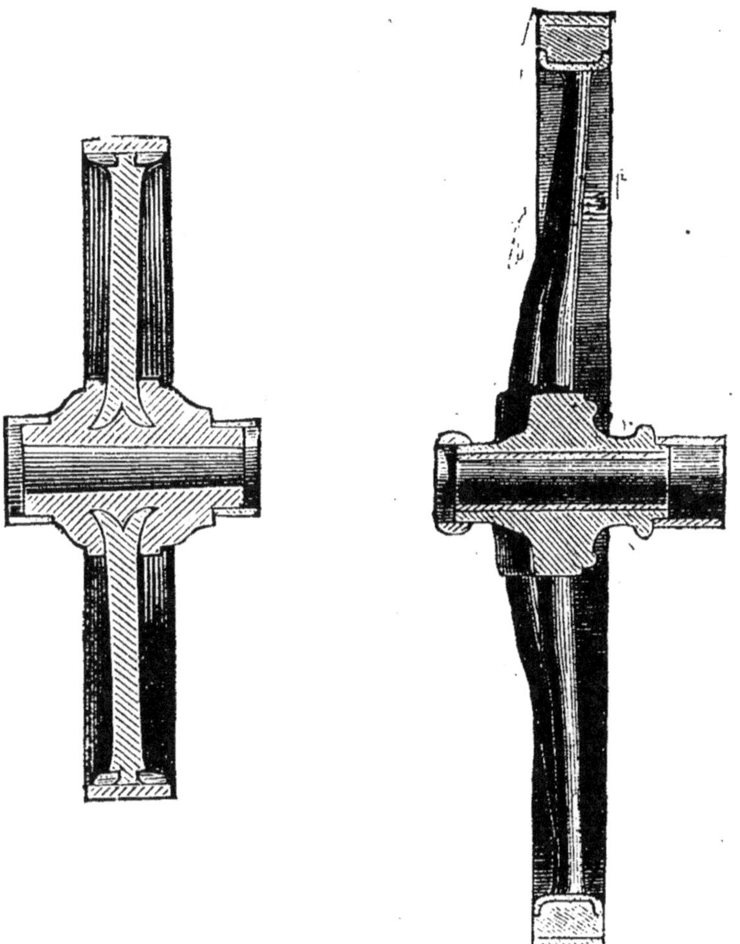

Fig. 73.—Coupe d'une roue métallique. Fig. 74.— Coupe d'une roue *impérissable.* (Champenois-Rambeaux.)

plaçable après l'usure. La figure 75 représente une paire de roues de ce système montées sur son essieu.

Dans les roues du système L. Arbel, les rais font

corps avec le moyeu et sont forgés d'une seule pièce au marteau-pilon.

La plupart des roues métalliques des machines anglaises ont les rais en fer rond prises dans le moyeu

Fig. 75. — Paire de roues.

et dans la jante; la jante et le moyeu sont en fonte. Ce système présente plusieurs inconvénients : la jante en fonte est très lourde et se détériore sur les routes caillouteuses et sur les pavés.

Dans certaines roues américaines (Wood, 1889) le moyeu est en deux parties et les rais sont amovibles.

L'*essieu* est en fer de bonne qualité (quelquefois en acier) et se termine à ses deux extrémités par une partie cône ou *fusée* sur laquelle tourne la *boîte* de la roue; cette boîte est maintenue en arrière par une rondelle ou *flotte* et en avant par une goupille ou *esse*, ou mieux par un *écrou* qui se serre dans le sens du mouvement de la roue.

Le graissage se fait avec la graisse à voiture : c'est un mélange de 25 parties de suif, 25 d'huile et 5 à 6 de carbonate de potasse. Lorsque le graissage se fait à l'huile, il faut employer des boîtes spéciales dites *à patent*; ce système, qui diminue la traction, est très peu employé pour les véhicules agricoles.

A. CHARRETTES.

Le bâti des charrettes est constitué par deux *limons* en chêne, d'une seule pièce, formant brancards assemblés par des traverses ou *épars* qui supportent le fond ou *tablier*. La charrette est ordinairement garnie de *ranchers* qui maintiennent les *ridelles* sur les longs côtés; en avant et en arrière se trouvent des *cornes* maintenues aux ranchers par des chaînettes. La charrette est souvent complétée par un *moulinet* sur lequel s'enroulent les cordes qui serrent la charge, par un *frein* ou *mécanique*, remplacé quelquefois par un sabot qui ralentit le véhicule dans les pentes, enfin deux *chambrières*, une en avant de l'essieu, l'autre en arrière, pour maintenir la voiture lors du chargement ou du déchargement.

Lorsque l'on transporte des fourrages, la charrette reçoit des cornes (fig. 76) et quelquefois des piquets verticaux en bois.

Les charrettes tirées par les bœufs ont un *timon* central à la place des deux brancards.

La figure 77 représente un type de grande charrette très répandue dans les environs de Paris; cette charrette à limonières est munie d'un tuteur limonier (dont l'invention est due à M. Mignard), qui empêche le cheval de s'abattre et de se couronner.

Voici d'après M. Hervé-Mangon quelques chiffres sur les charrettes pour la moisson primées par la Société royale d'agriculture d'Angleterre :

Fig. 76. — Charrette. (Chambard.)

Fig. 77. — Grande charrette des environs de Paris. (Chambard.)

Charrettes.

CONSTRUCTEURS :		HAYES ET FILS	F. P. MILFORD
Inclinaison des roues....................		3°	2° 3/4
Largeur des jantes....		0^m,102	0^m,102
Poids	voiture vide.....	611^k.17	631^k,57
	charge utile................ .	1 447 2	1 447 2
	total...........	2 058 4	2 078 8
Rapport	de la charge utile au poids total	0,703	0,696
	du tirage sur une route — au poids total...	0,0232	0,0182
	du tirage sur une route — à la charge utile.	0,0331	0,0350
	du tirage dans un champ — au poids total...	0,0699	0,0817
	du tirage dans un champ — à la charge utile.	0,1000	0,1174

On peut adapter aux charrettes l'appareil de M. Croulbois, connu sous le nom de *l'archimède*. Cet appareil est composé de deux leviers, placés sous l'arrière de la voiture, reportant chacun une partie de la charge sur un ressort à boudin placé contre l'essieu et près de la roue; à l'avant et de chaque côté, un ressort pris entre deux menottes a pour but de répercuter le poids de la charge dans la direction horizontale.

Voici les résultats d'expériences faites à la Station d'essais de machines agricoles :

Tare de la charrette.........	1 360 kil.
Charge utile.....	1 875 —
Charge totale......	3 235 kil.

NATURE DE LA VOIE (EN TRÈS BON ÉTAT)		EMPIERREMENT	PAVÉ
Tractions moyennes. (Route horizontale.)	Charrette munie de l'archimède	$45^k,021$	$21^k,463$
	Charrette suspendue à la façon ordinaire.	$64^k,783$	$30^k,363$
Coefficient de roulement.	Charrette munie de l'archimède	0,0139	0,0066
	Charrette suspendue à la façon ordinaire.	0,0200	0,0093
Différence en faveur de la voiture munie de l'archimède (soit comme diminution de traction pour une même charge, soit comme augmentation de charge totale pour une même traction)................		30,51 0/0	29,31 0/0

B. TOMBEREAUX.

Le tombereau, qui n'est autre chose qu'une charrette à coffre, est caractérisé par la bascule de la caisse, permettant d'effectuer le déchargement d'un seul coup.

Il est formé (fig. 78) d'une caisse trapéziforme montée sur deux limons, *gisans*, ou *membrures basses*, au milieu desquels s'encastre l'essieu. Une *broche* en fer réunit les brancards aux limons, qui viennent se reposer sur un *lissoir* fixé aux brancards; une traverse mobile ou *clef* qui passe dans des anneaux en fer maintient le système solidaire et empêche le mouvement de bascule. La clef est souvent remplacée par un mécanisme en fer qui joue le rôle de verrou. La paroi antérieure de la caisse est fixée au bâti; les faces latérales sont soutenues par des montants ou ranchers; la paroi postérieure ou *hayon* est mobile et

Fig. 78. — Tombereau. (Chambard.)

retenue en bas par des taquets et en haut par des clavettes ou par une chaîne tendue avec un levier de bois ou de fer. Le hayon s'enlève lorsqu'on veut décharger le tombereau.

Le cheval limonier est obligé de résister à des efforts souvent considérables ; il maintient l'équilibre du tombereau par une courroie dossière qui passe sur une sellette ; les brancards sont terminés par des moufettes qui permettent d'accrocher les traits des chevaux de devant. Aux grands tombereaux on ajoute quelquefois un *tuteur limonier*.

Les tombereaux agricoles peuvent souvent recevoir des ridelles ; ils conviennent alors au transport des fourrages et des céréales. La capacité des tombereaux varie de 0 m. cube 5 à 0 m. cube 8 pour un cheval ; elle atteint 1 m. cube et 1 m. 50 pour plusieurs chevaux ; ils valent de 600 à 800 francs. Voici, d'après M. Hervé-Mangon, plusieurs chiffres concernant les meilleurs tombereaux primés par la Société royale d'agriculture d'Angleterre :

CONSTRUCTEURS :	TOMBEREAUX A UN CHEVAL A TOUS USAGES				
	W. BALL ET FILS	F. P. MILFORD	T. MILFORD ET SES FILS	G. BALL	HAYES ET FILS
Capacité de la caisse....	$0^{mc},82$	0,76	0.82	0.79	0.79
Surface libre pour le chargement des fourrages lorsqu'on ajoute des ridelles............	$5^{mc},29$	7,80	5.60	5.85	6.13
Roues. Diamètre.........	$1^{m},45$	1,57	1.40	1.45	1,47
Roues. Inclinaison	2° 1/4	2° 1/2	1° 3/4	2° 1/4	3° 1/2
Roues. Largeur des jantes...	$0^{m},102$	0,102	0,077	0,102	0.102
Poids. Voiture vide.........	$593^{k}.04$	597.47	462,00	548.60	631.12
Poids. Charge utile.........	$1\,015^{k},6$	1 015,6	1 015,6	1 015,6	1 015.6
Poids. Total...............	$1\,608^{k}.6$	1 613.1	1 477,6	1 564.2	1 646.7
Rapport. de la charge utile au poids total.........	0,631	0,629	0.687	0.649	0.616
Rapport. du tirage sur une route — au poids total.....	0.0137	0.0159	0.0134	0,0160	0.0151
Rapport. du tirage sur une route — à la charge utile.....	0,0217	0.0250	0.0194	0.0247	0.0244
Rapport. du tirage dans un champ — au poids total.....	0,0571	0.0297	0.0627	0.0661	0,0543
Rapport. du tirage dans un champ — à la charge utile.....	0.0906	0.0472	0.0909	0.1018	0.0879

Un des avantages du tombereau est surtout le déchargement rapide de la charge, qui se fait en basculant la caisse, ce qui n'a pas lieu en général avec les voitures à 4 roues. Depuis quelques années on voit circuler dans Paris de grands tombereaux, appartenant à la Compagnie du Nord, destinés au transport du charbon; ces tombereaux à bascule, attelés de 3 chevaux de front, sont montés sur 4 roues; un siège pour le conducteur est placé au-dessus de l'avant-train. Dans les travaux publics on admet que le tom-

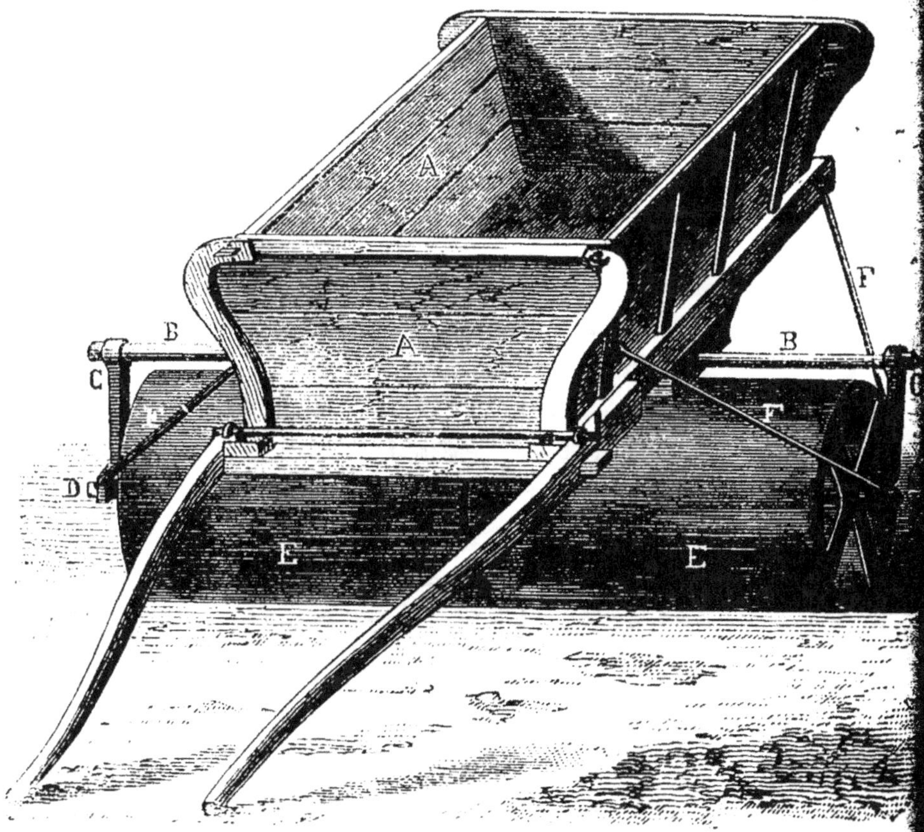

Fig. 79. — Tombereau-rouleau de Guilleux.

bereau est employé pour des transports variant de 100 à 500 mètres de distance; au-dessous il faut se servir de la brouette; au-dessus on a recours au wagonnet. (Voir *Chemins de fer agricoles.*)

Les tombereaux enfoncent lorsqu'il s'agit de débarder les récoltes des champs humides, et creusent des ornières dans les herbages lors du transport des engrais. Pour parer à ces inconvénients, M. Guilleux propose le « tombereau-rouleau » représenté fig. 79 ; ce système s'adapte à un tombereau ordinaire dont on enlève les roues. Deux pièces verticales CD sont fixées aux extrémités C des essieux B ; elles sont maintenues par des arcs-boutants F. Les pièces CD servent de support à l'essieu DD du rouleau lisse E, qui est en deux parties.

Le système proposé par M. E. Puzenat (fig. 80), con-

Fig. 80. — Rouleaux pour tombereaux. (E. Puzenat.)

siste en deux grands rouleaux en tôle d'acier surmontés d'un bâti sur lequel on adapte une caisse de tombereau ; le bâti peut être à brancards ou à flèche, ainsi que le représente la figure 86, selon que l'attelage est composé de chevaux ou de bœufs.

C. FARDIERS.

Le fardier ou diable sert au transport des bois, des roches, etc. Il se compose d'une traverse en bois fixée sur un essieu assemblé avec une flèche ou *timon*. Pour enlever un arbre, on lève la flèche perpendiculairement au sol et on attache l'arbre par une chaîne qui passe par-dessus la traverse, puis on abat la flèche et on la relie à l'arbre avec une autre chaîne ou un lien.

Pour supprimer cette manœuvre de la flèche, on peut employer le cric à vis de Guilleux. Ce cric (fig. 81) est

Fig. 81. — Fardier à cric. (Guilleux-le-Dantec.)

fixé à la traverse O ; on voit en P le timon. Les chaînes qui passent sous l'arbre s'attachent au crochet K fixé à une chape I reliée à la vis verticale HF ; cette vis est élevée ou abaissée par un écrou E mis en moûvement par la manivelle J et des engrenages.

Lorsque les arbres sont très longs, on emploie deux fardiers, celui d'avant jouant le rôle d'avant-train.

D. CHARIOTS.

Les chariots sont moins employés que les charrettes ; on les rencontre dans les fermes de nos départements de l'Est et du Nord ; en Belgique et en Allemagne, ils sont assez répandus.

Le chariot est formé de l'*avant-train* et de l'*arrière-train*, qui sont réunis par la *longe* ou allonge qui supporte la *cage* (fig. 82). L'avant-train pivote autour d'un axe vertical en fer appelé *cheville ouvrière* et peut s'obliquer par rapport à l'arrière-train ; lorsqu'on *braque* ou oblique l'avant-train, la *sellette* fixée sur l'essieu d'avant glisse et tourne sous le *porte-fond*.

Fig. 82. — Chariot du Nord. (Lefèvre.)

La figure 83 représente un grand chariot agricole, pouvant se monter avec flèche ou limonières.

Lorsque les roues de l'avant-train sont de petit diamètre, elles peuvent, dans les tournées, passer sous la longe, et, dans ce cas, le chariot tourne très court ; mais en général les chariots ruraux n'ont pas cette disposition et leurs tournées sont plus grandes. Les roues de l'avant-train sont toujours plus petites que celles de l'arrière et offrent une plus grande résistance au tirage ; on compense cette résistance en chargeant plus fortement l'arrière-train, ou en rapprochant de l'essieu d'arrière le centre de gravité de la charge.

Les chariots ont ordinairement une flèche ou timon, et on y attelle deux chevaux ou deux bœufs ; dans le

premier cas l'avant-train porte une volée mobile avec deux palonniers, et l'extrémité de la flèche reçoit le crochet d'attelage des chevaux de devant et les chaînes de reculement.

Voici, d'après M. Hervé-Mangon, des chiffres sur quatre chariots primés par la Société royale d'agriculture d'Angleterre.

CONSTRUCTEURS :		T. MILFORD ET SES FILS	BALL ET FILS	W. GLOVER ET SES FILS	F. P. MILFORD
Diamètre des roues	de devant.......	1^m,00	0^m,99	0^m,99	0^m,99
	de derrière	1 42	1 45	1 45	1 45
Largeur des jantes des roues	de devant.......	0,063	0,070	0,101	0.063
	de derrière.	0,063	0,070	0,101	0,063
Inclinaison des roues	de devant.......	1° 1/2	4° 1/4	4°	2° 3/4
	de derrière......	2°	3° 3/4	4°	3°
Poids du chariot vide.	Partie portée par les roues de devant............	442^k,5	518^k,2	503^k,2	544,^{k}5
	Partie portée par les roues de derrière...........	412.1	538.6	481.0	465.2
	Total............	854.6	1056.8	984,2	1009.7
Poids de la charge utile.. ..		2 281,0	2 272.4	2 280.6	2 278,7
Rapport de la charge utile au poids total........		0.727	0,682	0,720	0,693
Partie du poids du chariot plein porté par	les roues de devant.............	1 229^k.1	1 253^k,4	1.474^k,4	1 082^k.2
	les roues de derrière	1 906^k,5	2 075,8	1 790,4	2 206,2
Rapport du tirage sur une route	au poids total..	0,0195	0,0221	0.0225	0,0652
	à la charge utile.	0.0268	0,0322	0,0321	0,0937
Rapport du tirage dans un champ	au poids total..	0,0915	0,1025	0.0844	0,1000
	à la charge utile.	0,1254	0.1494	0,1205	0.1440

La culture américaine emploie des chariots monté
sur de grandes roues par suite du mauvais état de
chemins. Le coffre, généralement trapéziforme, a
3 mètres environ de longueur; les roues d'avant on
1 m. 15 de diamètre et les roues d'arrière 1 m. 40.
Tous ces chariots sont munis de sièges amovibles e
de freins; les sièges sont en bois et fixés au coffre du
véhicule par l'intermédiaire de ressorts. Les bon
modèles américains ont des roues à moyeux métal
liques, en deux pièces, qui serrent les rais (roue
Archibald).

On a longuement discuté sur le choix à faire entre
le chariot et la charrette; ils ont tous les deux leur
avantages et leurs inconvénients, que nous allon
résumer en quelques mots.

Au point de vue du poids utile transporté, les deux
véhicules n'ont guère de différence. Dans les sols peu
résistants, humides et mous, le chariot exige moins
de tirage que la charrette; il en est de même dans
les mauvais chemins remplis d'ornières. Les char
rettes sont plus *versantes* que les chariots, qui con
viennent mieux aux chemins accidentés et dans les
pays montagneux, où la charrette pèse sur le dos du
limonier à la descente, ou tend à le soulever dans la
montée. La charrette exige un fort cheval de limo
(limonier), qui le plus souvent ne tire pas, ou tire très
peu, occupé qu'il est à maintenir le *balan* de la voi
ture. Le chariot permet d'employer des chevaux de
toutes tailles, grands ou petits, qui peuvent donner
tout leur effort en traction. La charrette peut tour
ner sur place, tandis qu'avec le chariot, le détour
est d'autant plus grand que les roues de l'avant
train sont hautes.

IV. Chemins de fer agricoles.

Les petits chemins de fer portatifs commencent à se répandre dans les exploitations rurales; ils permettent d'effectuer les transports d'une façon très économique, et, pour s'en convaincre, il suffit de se reporter à l'introduction de ce chapitre où nous avons vu qu'une traction de 6 à 7 kilogrammes était nécessaire pour une charge d'une tonne, alors que sur un chemin de culture empierré et en bon état la même charge exigerait de la part de l'attelage une traction de 30 kilogrammes, c'est-à-dire 5 fois plus élevée.

Aussi un cheval qui ne tire pas plus de 500 à 600 kilogrammes dans les champs peut, à l'aide du chemin de fer, tirer en plaine des charges utiles de 2 500 à 3 000 kilogrammes. Un homme à la brouette ne transporte que 50 à 60 kilogrammes; cette charge peut atteindre 250 ou 300 kilogrammes sur un chemin de fer.

Dans les mines et dans les chantiers de travaux publics, on se sert de chemins de fer dont la voie est constituée par des fers rectangulaires posés de champ dans des encoches pratiquées à la scie dans des traverses et maintenus au moyen de coins en bois chassés à coups de maillet.

Ces rails méplats offrant une très faible surface de roulement, qui creuse les roues des wagonnets lorsque ces derniers sont trop chargés, on eut l'idée d'employer les rails des grandes compagnies de chemin de fer, mais avec des dimensions réduites; c'est ce que fit la maison A. Suc dès 1858. On employa des rails à double champignon, maintenus par un coin dans un coussinet fixé sur la traverse (fig. 84) ou le rail Vignole

Fig. 84. — Rails à double champignon et coussinet.

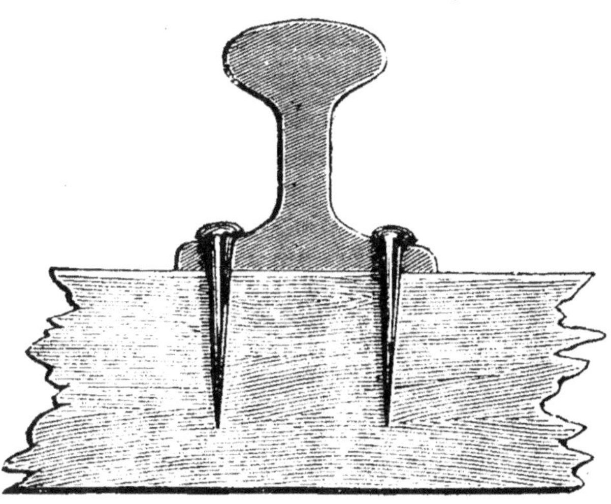

Fig. 85. — Rail Vignole.

fixé directement sur la traverse par deux crampons (fig. 85).

D'une façon générale, ces chemins de fer n'étaient pas très portatifs. En 1857, l'ingénieur Arnoux, qui inventa le système articulé du chemin de fer de Paris à Sceaux, essaya un chemin de fer militaire au camp de Châlons.

Vers 1863, l'ingénieur Chanselle installa aux mines de Firminy un système portatif qu'il perfectionna en 1874, alors qu'il était directeur des houillères de Saint-Étienne ; la voie Chanselle était, par travée de 5 mètres, formée de rails Vignole de 7 kilogrammes le mètre courant, réunis par 6 traverses en fer plat de 50×12.

Mais la première voie absolument portative a été inventée et brevetée en 1867 par M. Henry Corbin, ingénieur et fabricant de sucre dans le Nord ; le système reposait sur la division de la charge, afin de permettre l'établissement d'une voie légère, c'est-à-dire portative.

La travée du système Corbin ressemblait à une échelle en bois dont les longrines étaient garnies de fer feuillard ou de fer cornière formant chemin de roulement ; les travées étaient réunies entre elles par des sabots en tôle. Afin de diminuer leur prix, les wagonnets (fig. 86) n'avaient qu'un essieu, sauf le wagon de tête de chaque train, qui était à 4 roues ; le système Corbin a été exploité en grand en Amérique par une maison de Chicago.

Dès 1872, M. l'ingénieur E. Chabrier se faisait l'ardent promoteur des petits chemins de fer ruraux.

Vers 1874, M. Corbin construisit des voies entièrement métalliques, mais il mourut au moment où M. Decauville fondait les ateliers de Petit-Bourg. Le système des wagonnets à essieu unique de Corbin est encore construit par la maison Paupier.

Aujourd'hui les chemins de fer portatifs agricoles

entièrement métalliques sont établis par différents constructeurs et sont tous analogues.

Les rails en acier sont du type Vignole (fig. 85) formés d'un *champignon* (constituant le chemin de roulement), réuni à un *patin* ou *semelle* par une partie

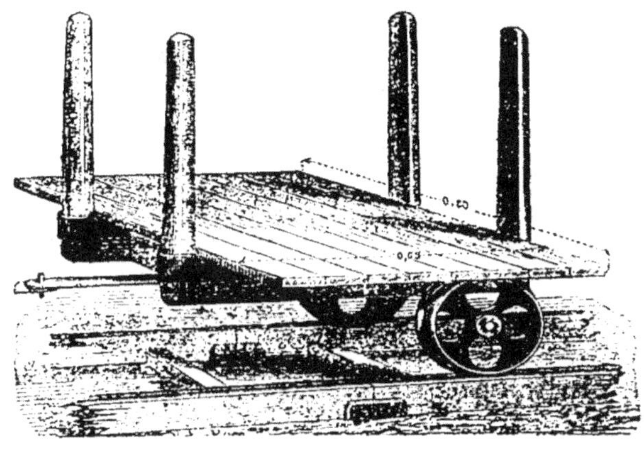

Fig. 86. — Wagonnet Corbin. (Paupier.)

verticale ou *âme*. Suivant les charges à transporter, les rails sont de 4 kilogr. 500, 7 kilogr. ou 9 kilogr. 500 le mètre courant; les écartements des voies sont de 0 m. 40, 0 m. 50, 0 m. 60 et 0 m. 75.

Les rails sont maintenus à écartement par des traverses en fer en U renversé, sur lesquelles ils sont rivés; lorsque la voie s'établit sur un bon sol résistant, on emploie le type A à traverses affleurant le bord extérieur du rail (côté droit de la figure 87); si le sol est mou ou détrempé par les pluies, on fait usage du type B à traverses débordantes. La forme de la traverse permet à la voie de s'ancrer dans le sol et maintient la stabilité du système.

Lorsque la voie est fixe, les traverses sont en fer à double T; ces voies fixes ne sont guère employées dans les exploitations rurales.

Dans la voie Paupier (détails, fig. 88) les traverses portent à leurs extrémités un talon qui reçoit le patin

Fig. 87. — Voie métallique.

du rail; à l'intérieur de la voie, le patin est maintenu par un talon mobile serré sur la traverse par un

Fig. 88. — Voie démontable. (Paupier.)

boulon. Les systèmes de ce genre, qui sont démontables, facilitent les transports du matériel.

Dans la voie Decauville, les rails sont rivés sur des traverses en tôle bombées sur leur partie centrale, afin d'assurer la rigidité transversale de la voie.

Les travées ont 1 m. 25, 2 m. 50 ou 5 mètres de longueur; ces dimensions permettent d'obtenir toutes les longueurs voulues en pratique. Les travées sont réunies par des *éclisses* (fig. 89) en acier, rivées aux deux bouts, placées en diagonale, c'est-à-dire une au rail de droite, l'autre au rail de gauche, et à l'extrémité opposée, de sorte qu'elles s'assemblent de n'importe quel bout ; il en est de même pour les voies courbes, ce qui permet d'avoir indistinctement une courbe à droite ou une courbe à gauche.

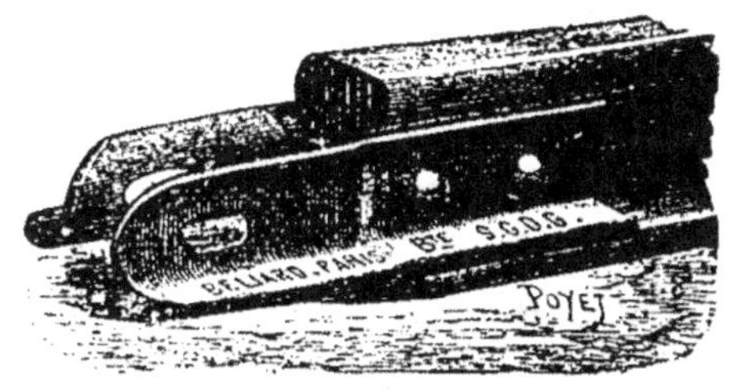

Fig. 89. — Eclisse Béliard.

Les travées courbes sont à rayons différents et par tronçons de 2 m. 50 et de 1 m. 25.

Les travées s'assemblent à la main ; on peut se servir d'un levier-pince à emmancher les voies ; la même pince peut servir à démancher.

Le système est complété par des *changements de voie* avec leurs *aiguilles* (fig. 90).

Fig. 90. — Aiguille et changement de voie.

Pour tourner à angle droit, on se sert d'une *plaque de ripage* en fonte ou d'une plaque *tournante* ; sur la plaque de ripage, on fait tourner le wagon sur place et les boudins des roues glissent sur la plaque en fonte ; ce système convient très bien dans les lieux humides, tels que les vacheries, plates-formes à fumier, etc. La plaque tournante portative (fig. 91) se compose d'un plateau supérieur en fonte, tournant autour d'un pivot et frottant sur des fers demironds rivés à une plaque de tôle servant de bâti. Le frottement et les corps étrangers qui s'introduisent entre les deux plaques et qu'on enlève rarement, augmentent la difficulté de la manœuvre. Aussi rem-

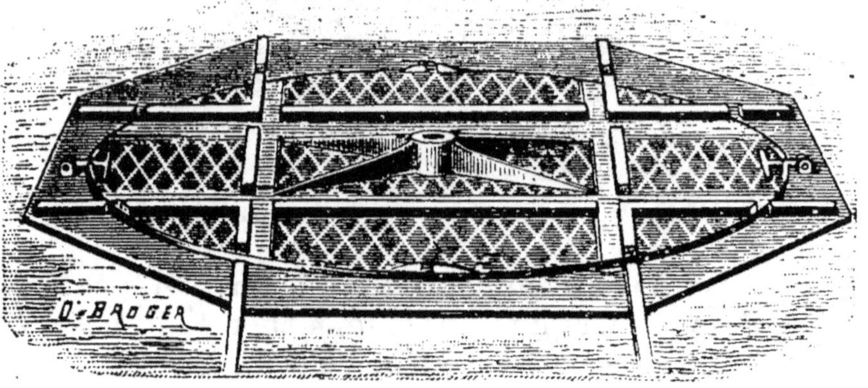

Fig. 91. — Plaque tournante portative. (Paupier.)

place-t-on d'une manière très avantageuse les systèmes précédents par une plaque tournante à cuve, que l'on n'utilise guère que dans des installations fixes, à l'intérieur des fermes (fig. 92).

Cette plaque tournante roule sur des galets fixés dans un cuvelage en fonte que l'on encastre dans le sol; la plaque est maintenue à la place voulue par un *chien d'arrêt*. Dans la plaque système Henri Ménier, les chiens d'arrêt, qui gênent la circulation, sont supprimés et la plaque se met d'elle-même en regard des voies, grâce au chemin de roulement des galets qui est constitué par une came circulaire (fig. 92).

Souvent les plateaux des plaques tournantes sont

lisses et n'ont pas d'ornières ; ce système très commode supprime également les chiens d'arrêt.

Enfin les voies sont complétées par des *dérailleurs* qui permettent d'embrancher une voie nouvelle sur une voie déjà établie ; la voie nouvelle est placée par-dessus l'ancienne, et le dérailleur est une travée spéciale, amincie à un bout, formant plan incliné reliant le roulement des deux voies ; en arrière du dérailleur se trouve immédiatement une courbe.

Les wagonnets agricoles ou *porteurs* sont ordinai-

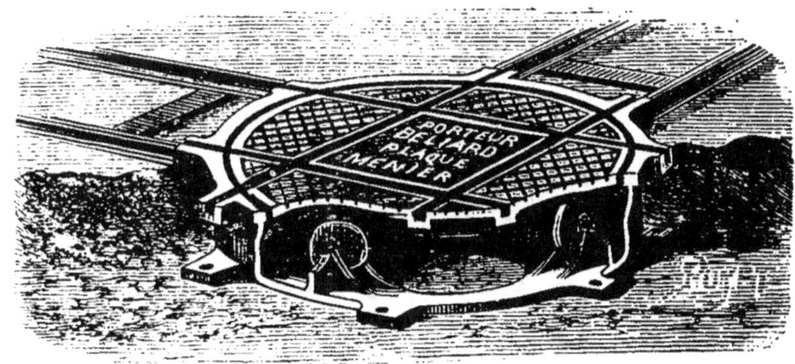

Fig. 92. — Plaque tournante Ménier.

rement portés sur deux essieux ; les porteurs Corbin, qui sont à essieu unique, comme nous l'avons déjà vu, ne conviennent que pour la formation des *trains* et ne peuvent marcher isolément. Tous les wagonnets sont à accrochage et à tampon central.

En général, les essieux sont fixes et les roues sont folles sur les fusées ; ces roues sont munies de boîtes à huile. Le châssis du wagon est en bois ou en fer ; il reçoit les charges.

Pour le débardage des champs de betteraves, on emploie des civières à poignées de bois ; ces civières sont en fer plat avec un châssis en fer en U ; on en met deux par wagonnet (fig. 93). Le même système est employé pour les transports de fumier. Les civières sont en tôle, et non à claire-voie, pour les transports d'engrais, de composts, etc.; ils sont garnis d'une toile pour les transports de raisins.

Pour les fourrages, les cannes à sucre, bûches ou fagots, etc., on emploie des wagons à ranchers (fig. 94).

Pour le débardage des bois en grume, des pierres,

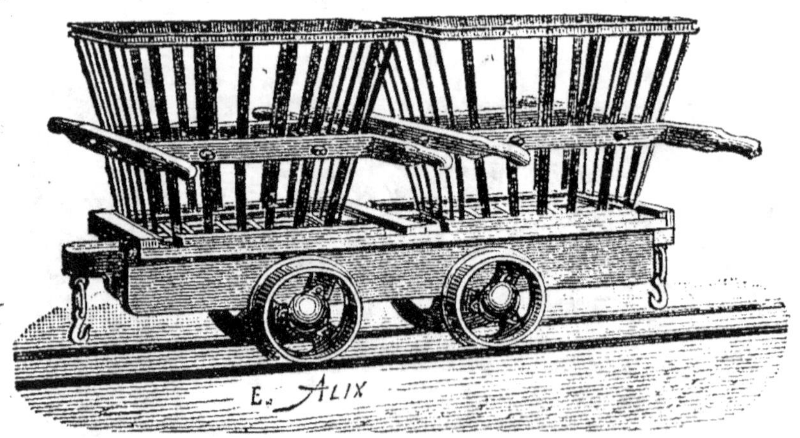

Fig. 93. — Porteur Béliard.

on utilise deux wagonnets réunis par une plate-forme; ce système permet de porter des charges allant jusqu'à 8 000 kilogrammes.

Dans l'intérieur des fermes, pour différents services tels que le transport des grains en sacs, des corbeilles ou auges à rations, etc., on se sert d'une petite plate-forme avec tablier en bois ou en tôle, garnie à chaque extrémité de deux ranchers amovibles en bois ou en fer.

Lorsque les wagons doivent faire un service con-tinu et important, on remplace les roues folles sur

les fusées par des roues calées sur un essieu tour
nant dans des boîtes à graisse analogues à celle

Fig. 94. — Wagonnet à ranchers.

Fig. 95. — Wagonnet de terrassement.

des grandes compagnies de chemins de fer; ces boîtes
sont à graissage à huile.

Pour les terrassements, on monte sur le wagonnet une caisse en tôle, portée sur deux ou quatre tourillons (fig. 95); la caisse bascule indifféremment à droite ou à gauche. Dans les grands chantiers, on emploie souvent des wagons avec caisse à bascule automatique ne déversant que d'un seul côté. Enfin dans certains cas on se sert de *berlines* ou wagons portant un coffre fixe en bois (fig. 96); on les

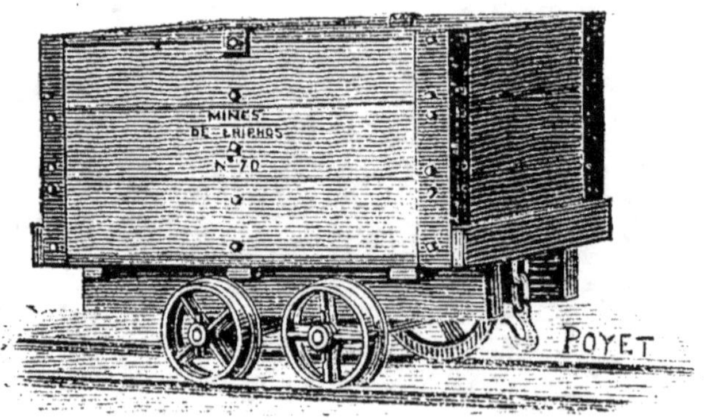

Fig. 96. — Berline.

décharge à l'aide de *culbuteurs* spéciaux; quelquefois la caisse s'ouvre d'un côté. Quant aux berlines complètement en acier, elles sont surtout en usage dans les mines.

Lorsqu'on emploie un cheval à la traction sur ces petits chemins de fer, l'animal marche sur le côté de la voie et tire avec une corde ou une chaîne de 4 mètres de longueur attachée à son palonnier. Quant aux hommes, ils poussent les wagons ou les tirent à l'aide d'une bricole.

CHAPITRE VIII

MACHINES EMPLOYÉES A L'ÉLÉVATION
DES EAUX

Le cadre de cet ouvrage ne nous permettant pas de décrire toutes les machines employées à l'élévation des eaux, nous ne parlerons que des principales qui sont d'une application courante dans les exploitations agricoles.

Les machines les plus simples sont celles qui élèvent l'eau directement, comme les *norias* et les *pompes-chaînes* ; les roues hollandaises, les tympans, la vis d'Archimède, etc., qui appartiennent à cette catégorie, sont moins répandus.

Les machines qui élèvent l'eau par l'intermédiaire de la pression atmosphérique sont les *pompes à piston* proprement dites, parmi lesquelles il faut citer les pompes *foulantes, aspirantes, aspirantes et élévatoires, aspirantes et foulantes* ; les *pompes rotatives.*

Certaines machines agissent par l'effet de la force centrifuge : *pompes centrifuges.*

On peut employer comme force motrice une chute d'eau qui sert à élever une certaine quantité de son débit par l'emploi des *béliers hydrauliques.*

I. Norias et pompes-chaînes.

Les norias sont formées d'une série de récipients fixés à une chaîne sans fin dont la partie inférieure

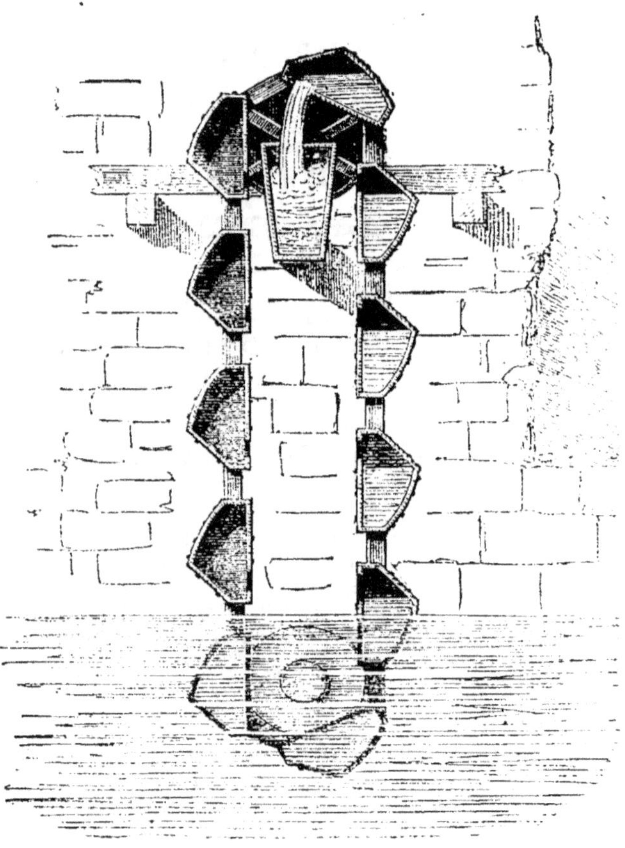

Fig. 97. — Noria.

plonge dans l'eau; la chaîne passe, à sa partie supérieure, sur un tambour qu'un moteur fait tourner. Les récipients, en plongeant dans le liquide, se remplissent d'une certaine quantité d'eau, qu'ils déversent à la partie supérieure de leur course au moment où ils basculent sur le tambour.

La figure 97 représente la coupe d'une noria établie à poste fixe ; beaucoup de ces machines sont mises directement en mouvement par un manège en l'air.

Afin que les seaux puissent se vider, on est obligé de monter l'eau à un niveau supérieur à celui auquel on veut l'élever, d'environ 0 m. 75.

D'après Navier, une noria mue par un cheval au manège peut élever en une journée 115 à 130 mètres cubes d'eau à 1 mètre de hauteur.

On remplace de plus en plus ces norias par des pompes-chaînes, encore appelées pompes à chapelet. Nous ne reviendrons pas sur leur principe, qui a été décrit au chapitre VI, *Pompes à purin*, figures 51 et 52. Ces machines s'établissent au-dessus des puits et citernes. La figure 98 représente une de ces pompes montée sur une colonne ; l'arbre de la poulie à gorge, mis en mouvement par un volant-manivelle, porte un rochet qui empêche de tourner en sens contraire. Ces sortes de machines peuvent puiser l'eau jusqu'à 25 mètres de profondeur ; avec un manège, la profondeur peut atteindre 40 mètres.

Pour les irrigations, la submersion des vignes phylloxérées, on établit de semblables pompes locomobiles mues par un manège en l'air directement accouplé (Sauzay, Formis-Benoît).

Avec ces pompes-chaînes, dont le travail se rapproche de l'ancienne machine appelée *chapelet vertical*, un homme, en 8 heures, peut élever de 100 à 130 mètres cubes d'eau à 1 mètre de hauteur ; la quantité élevée est, à cause des fuites, les 5/6 de celle qui est puisée par la machine.

Les pompes à chapelet mues par un cheval au manège peuvent élever en pratique à 1 mètre de hauteur de 90 à 100 mètres cubes d'eau par heure.

Fig. 98. — Pompe-chaine. (Beaume.)

II. Pompes à piston.

Ces machines se composent en principe d'un *corps de pompe* cylindrique, horizontal ou vertical, dans lequel se meut un *piston* animé d'un mouvement rectiligne alternatif. Un jeu de *soupapes* complète la machine, qui communique avec le puisard par un *tuyau d'aspiration*; l'eau élevée s'échappe dans un *tuyau de refoulement*.

10

Les *pompes foulantes*, dont le corps est mis à même dans la couche d'eau, n'ont pas de tuyau d'aspiration. Le principe de ces pompes a été décrit au chapitre vi (fig. 53).

Les *pompes aspirantes* sont plus répandues que les précédentes, mais si d'après les lois de la physique on peut aspirer l'eau jusqu'à une hauteur de 10 m. 33, en pratique, à cause des fuites, il ne faut guère compter sur plus de 7 à 8 mètres d'aspiration verticale. La figure 99 donne la coupe d'une pompe aspirante au moment de l'élévation du piston : le liquide monte par le tube d'aspiration en soulevant la soupape B et pénètre sous le piston A, tandis que l'eau qui est au-dessus du piston ferme les deux soupapes de ce dernier et, étant élevée, sort par la goulotte latérale ; lorsque le piston descend, la soupape d'aspiration se ferme et l'eau passe du dessous au-dessus du piston à travers les deux soupapes de ce dernier ; le corps de pompe est ouvert à sa partie supérieure et le débit de la machine est intermittent.

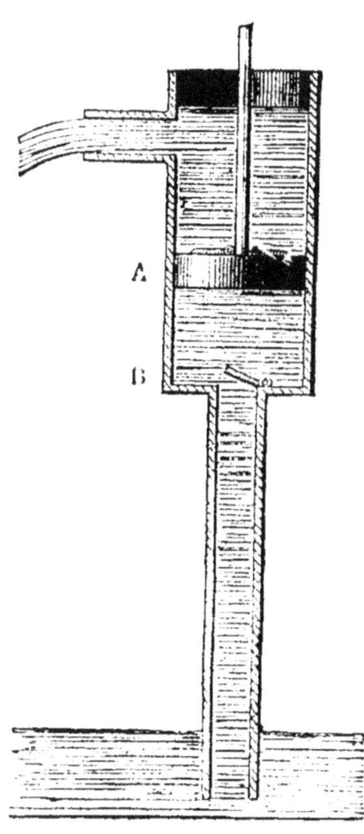

Fig. 99. — Coupe d'une pompe aspirante.

La figure 100 représente la vue générale d'une pompe aspirante ; le mouvement alternatif du piston est obtenu à l'aide d'un balancier dont le centre de rotation est solidaire avec une couronne maintenue sur le corps de pompe par une vis de serrage, afin de placer le balancier dans une position quelconque par rapport au dégorgeoir.

Ces pompes sont montées sur un socle qui se boulonne sur une pierre ou sur un châssis en bois ; certains modèles sont fixés contre un mur, une pierre verticale ou un plateau en bois (pompes d'applique ou pompes murales).

Lorsque la hauteur d'élévation dépasse 7 à 8 mètres, on la partage en deux parties : l'une inférieure, dite

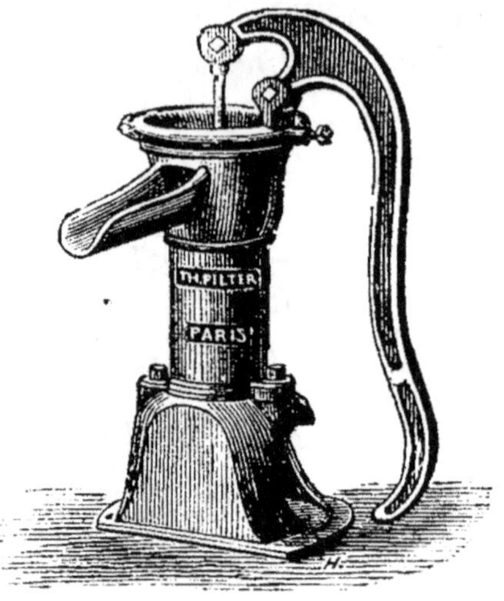

Fig. 100. — Pompe aspirante Douglas.

d'aspiration, l'autre supérieure, dite de refoulement, et l'on emploie les *pompes aspirantes et élévatoires* ou les *pompes aspirantes et foulantes*.

La pompe *élévatoire* élève l'eau pendant le mouvement ascensionnel du piston, tandis que la pompe *foulante* élève l'eau pendant la descente du piston.

Les pompes à *double effet* sont celles qui élèvent l'eau pendant la montée et pendant la descente du piston.

La figure 101 donne la coupe de la pompe aspirante et élévatoire au moment du mouvement descendant du piston ; elle est analogue à une pompe aspirante dans laquelle le corps est fermé à sa partie supérieure, où se trouve un presse-étoupes pour le passage de la tige du piston. Ces pompes conviennent pour les puits

profonds; souvent le presse-étoupes est supprimé et
la tige du piston se meut dans le tuyau de refoule-

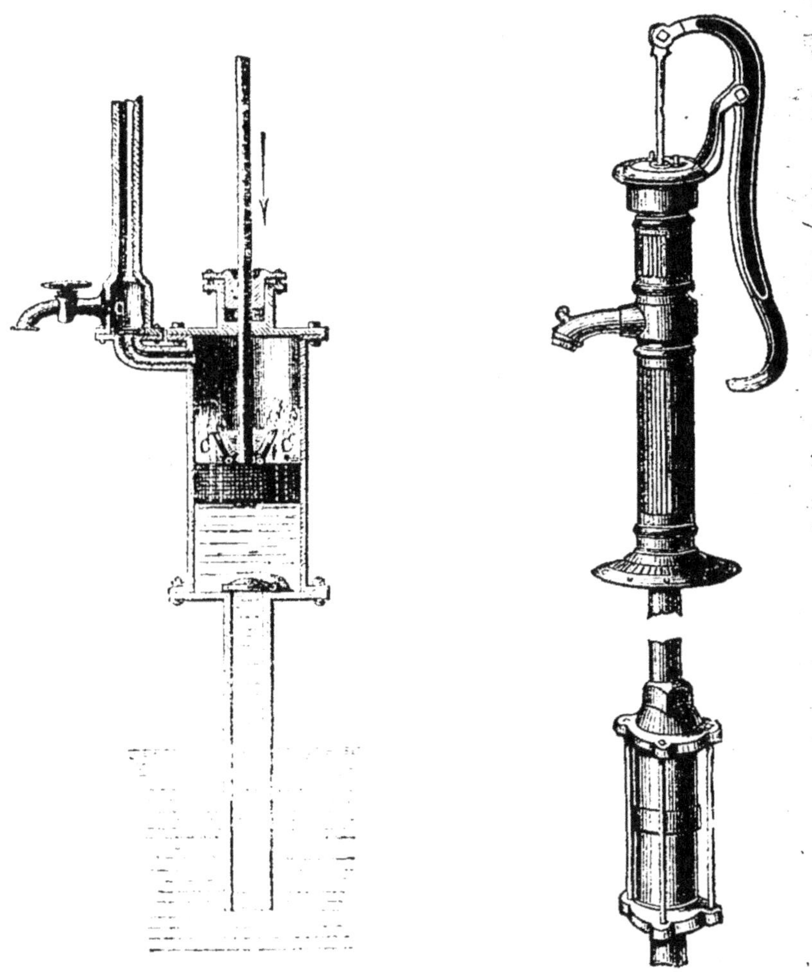

Fig. 101. — Coupe d'une pompe
aspirante et élévatoire.

Fig. 102. — Pompe aspirante
et élévatoire. (Pilter.)

ment qui est placé dans l'axe du corps de pompe
(fig. 102).

Les machines précédentes ont toutes leur piston

percé d'orifices fermés par des soupapes pour permettre le passage de l'eau. On préfère employer, et avec juste raison, des pistons pleins formés de deux cuirs emboutis serrés par un écrou contre une embase que porte la tige ; la pompe n'élève plus l'eau directement, elle la refoule : c'est ce qui explique le nom d'*aspirante et foulante* donné à ce genre de machine.

La figure 103 représente la coupe d'une de ces pompes ; on voit en V les soupapes d'aspiration et en A'B les soupapes de refoulement ; cette pompe est à double effet, car le piston agit utilement sur chaque face ; au chapitre des *Pompes à soutirer*, p. 67, on trouvera des pompes à *double effet* (fig. 45, 46, 47).

La plupart des pompes ont leur corps en fonte ; les plus soignées ont le corps formé d'un tuyau de cuivre maintenu entre deux fonds en fonte serrés par des tiges filetées ; les clapets sont fréquemment remplacés par des sphères en caoutchouc. Les pompes peuvent

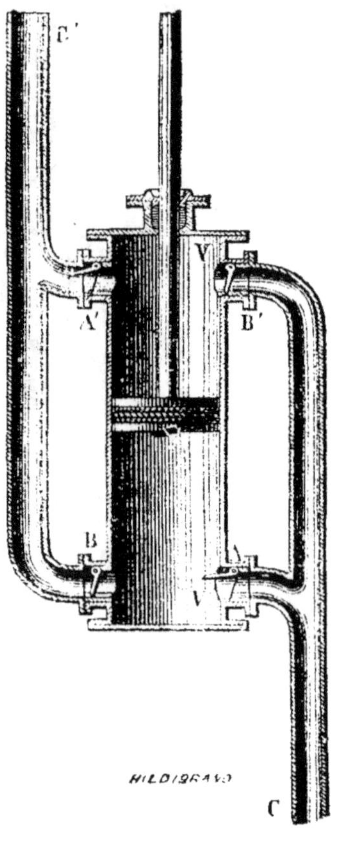

Fig. 103.— Coupe d'une pompe aspirante et foulante à double effet.

être montées sur socle ou sur un plateau, et dans ce cas elles sont dites d'*applique*. Le mouvement est donné au piston par un balancier tournant autour d'un axe de rotation ; lorsque le piston est guidé par un presse-étoupes, le balancier ou le levier de manœuvre est articulé à une bielle, ainsi que le représentent les figures 42, 54 et 55. Souvent le mouvement du piston est obtenu par une bielle et un arbre à manivelle sur lequel est monté un volant (voir la fig. 47). Les grandes pompes peuvent être commandées par courroies ; dans ce cas l'arbre porte une poulie fixe et une poulie folle.

Les pompes aspirantes et foulantes sont fréquemment montées en locomobiles sur un léger chariot en fer porté par deux roues (voir *Pompes à Purin*, et *Pompes à soutirer*, fig. 42, 43, 44 et 54).

Dans les pompes à piston, les diamètres des tuyaux d'aspiration et refoulement sont compris entre la moitié et les deux tiers de celui du corps de pompe. Le tuyau d'aspiration qui plonge dans le réservoir est terminé par un grillage ou lanterne, encore appelé crépine, afin d'arrêter au passage les corps étrangers.

Les pompes mues à bras ont une course de 0,30 environ ; la course est portée à 1 m. 20 par les pompes mues par des moteurs. La vitesse du piston est d'environ de 0 m. 20 à 0 m. 30 par seconde.

Le volume d'eau débité est de 0,90 à 0,95 du volume théorique engendré par le piston ; ce chiffre tombe à 0,40 dans les pompes en mauvais état.

Les pompes à piston mues par un homme peuvent élever en 10 heures de travail de 80 à 100 mètres cubes à 1 mètre de hauteur.

III. Pompes rotatives.

Ces machines, qui dérivent du type inventé par Ramelli (1588), peuvent être considérées comme des pompes à piston animées d'un mouvement circulaire. Il y a lieu de distinguer les pompes à un axe et celles à deux axes de rotation.

POMPES ROTATIVES A UN AXE.

La figure 104 donne la coupe d'une pompe rotative à un axe, appelée aussi pompe à palettes, de M. Bro-

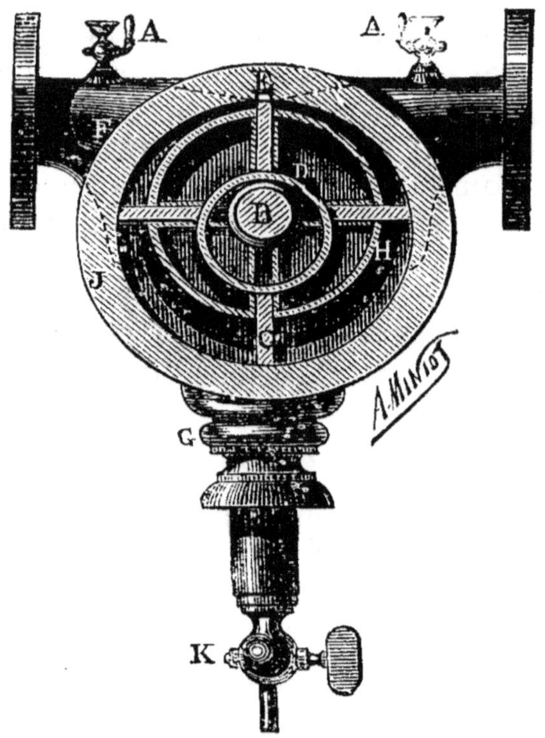

Fig. 104. — Coupe d'une pompe rotative à un axe. (Broquet.)

quet. Le corps de pompe J est un cylindre à axe horizontal. L'arbre moteur B, qui traverse cette pompe, excentriquement par rapport au cylindre, porte un disque H, chargé d'entraîner quatre palettes C mo-

biles dans des glissières radiales. Ces palettes doivent
suivre la face intérieure du cylindre J, en se rapprochant de l'axe B à la partie supérieure de la pompe
(en E) et en s'éloignant de cet axe à la partie inférieure. De sorte que, dans leur mouvement de rotation
continu, les palettes engendrent un volume croissant
du côté de l'aspiration, tandis que ce volume va en
décroissant du côté opposé, c'est-à-dire du refoule-

Fig. 105. — Pompe rotative sur chariot.

ment. Si l'axe de la figure 79 tourne dans le sens inverse des aiguilles d'une montre, l'aspiration a lieu
en F et le refoulement par la tubulure opposée. Cette
pompe peut être tournée indifféremment à droite ou
à gauche ; les tubulures AA servent à l'aspiration et
au refoulement ; la partie inférieure du corps de pompe
porte un ajutage G et un robinet de purge K, destiné
à vider complètement la pompe lorsqu'il y a à craindre les gelées ; cela est indispensable pour les pompes agricoles, qui, le plus souvent, passent l'hiver aban-
données sous un hangar exposé à tous les vents.

.Les palettes, qui jouent le rôle de pistons, sont gui-
dées dans leur mouvement par des glissières et sont
poussées par une came fixe D, excentrique par rapport à l'axe de rotation B, concentrique par rapport
au corps de pompe J. Dans certains modèles, les pistons sont constamment appuyés contre la face interne
du cylindre par des ressorts à boudins.

Ces systèmes sont surtout utilisés pour les petites
élévations d'eau et le soutirage des boissons claires.
Pour les élévations d'eau importantes, on les commande au moteur ; mais elles ne peuvent servir qu'aux
eaux ou liquides purs ne contenant pas de matières
en suspension, car ces dernières jouent dans ces
pompes le rôle de l'émeri, rodent le corps intérieur
et finissent par occasionner des fuites.

La figure 105 représente une pompe rotative montée
sur un chariot ; les grands modèles sont munis de deux
volants-manivelle.

POMPES ROTATIVES A DEUX AXES.

Dans ce groupe se classent les *pompes* dites *à pignons*
que représente bien la coupe figure 106. La machine
se compose de deux axes parallèles D tournant en
sens inverse l'un de l'autre. Chaque axe porte une sorte
de roue dentée C, dont les dents, de formes spéciales,
sont garnies d'une petite bande de cuir graissé ou de
caoutchouc J. Le corps de pompe B affecte la forme
d'un 8, constitué par deux parties cylindriques. Si
la roue supérieure tourne dans le sens des aiguilles
d'une montre, la roue inférieure tournant en sens inverse, il se produit une aspiration en E, suivant les
flèches indiquées dans la figure, et un refoulement
en F. La machine est complétée, à la partie supé-

rieure, par un robinet graisseur A, qui sert aussi à l'amorçage de la pompe. Un robinet purgeur est situé en H à la partie inférieure et permet de vider complètement le corps de pompe.

Un seul des axes est moteur et l'autre est entraîné

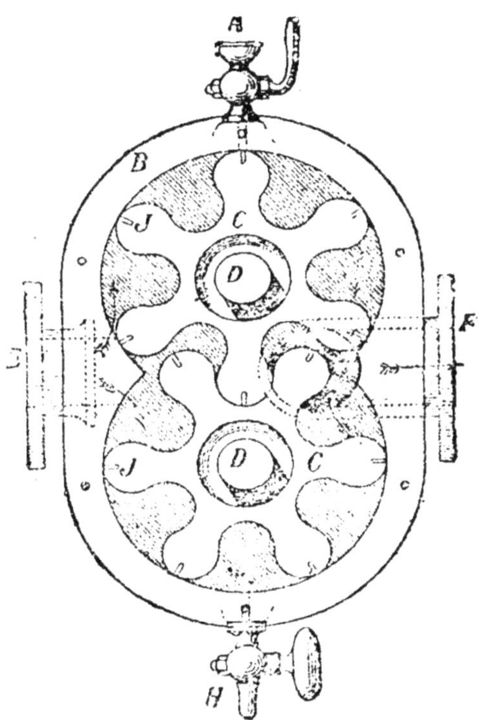

Fig. 106. — Coupe d'une pompe rotative à deux axes. (Broquet.)

par les dents du pignon intérieur. L'arbre moteur est prolongé en dehors du corps de pompe, passe dans un presse-étoupes et reçoit le volant-manivelle, ou les poulies de commande.

Les petits modèles se fixent sur un plateau, sur socle ou sur un chariot à 2 roues (comme à la figure 107).

C'est dans cette catégorie qu'il faut placer la pompe Greindl-Poillon, qui remplace souvent les pompes centrifuges dans les grandes exploitations; son rendement mécanique oscille de 50 à 70 pour 100, suivant la hauteur d'élévation de l'eau.

IV. Pompes centrifuges.

Ces machines, imaginées en Angleterre par Appold et perfectionnées plus tard par Gwynne, ne conviennent qu'aux installations importantes qui nécessitent l'emploi d'une force motrice régulière, comme une machine à vapeur ou un moteur hydraulique.

En principe, ces pompes se composent d'un tambour cylindrique AA (fig. 107) garni d'aubes courbes, monté sur axe horizontal B animé d'un rapide mouvement de rotation. Le tambour tourne à l'intérieur d'une enveloppe FG. Lorsque la machine est amorcée, c'est-à-dire pleine d'eau, si l'on anime le tambour d'une certaine vitesse, l'eau, par l'effet de la force centrifuge, tend à s'échapper suivant les tangentes du tambour, tandis qu'il se produit au centre de ce dernier une diminution de pression en vertu de laquelle l'eau est aspirée du bief d'aval.

Ainsi, ces pompes aspirent l'eau au centre du tambour B et la refoulent dans un conduit tangentiel. N'ayant ni soupapes, ni clapets, ni des pièces frottantes intérieurement, ces machines peuvent élever les eaux chargées de matières limoneuses et les liquides épais sans craindre des détériorations.

L'aspiration peut se faire de chaque côté du tambour, ainsi que le montre la coupe figure 107 (pompes Pilter, Neut, Dumond, etc., fig. 108), ou n'a lieu que d'un seul côté de la machine (pompe Hidien, fig. 109).

Le refoulement est vertical ou horizontal suivant l'installation adoptée (il est vertical dans les figures 107,

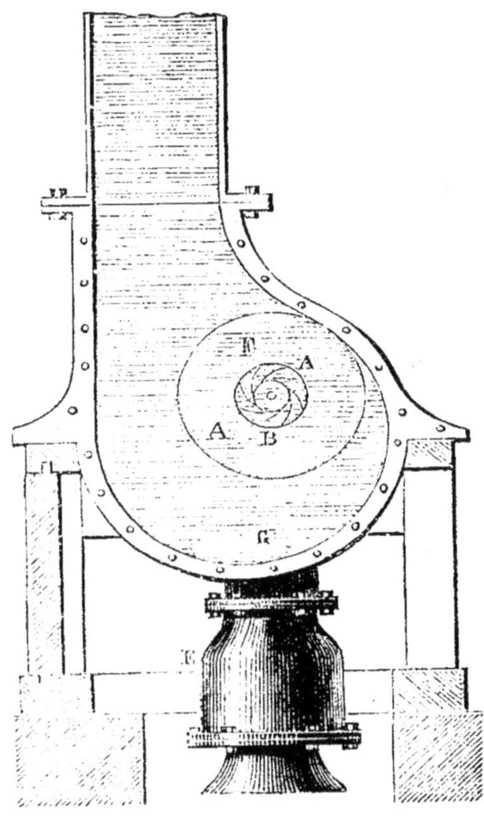

Fig. 107. — Coupe d'une pompe centrifuge.

108 et 109). L'arbre qui porte le tambour traverse le corps de la pompe dans deux presse-étoupes (fig. 108) et est soutenu par un ou deux paliers à côté desquels se place la poulie de commande.

Les pompes centrifuges sont montées sur un bâti en fonte que l'on boulonne sur une charpente (fig. 108); lorsque le chantier d'épuisement doit changer fré-

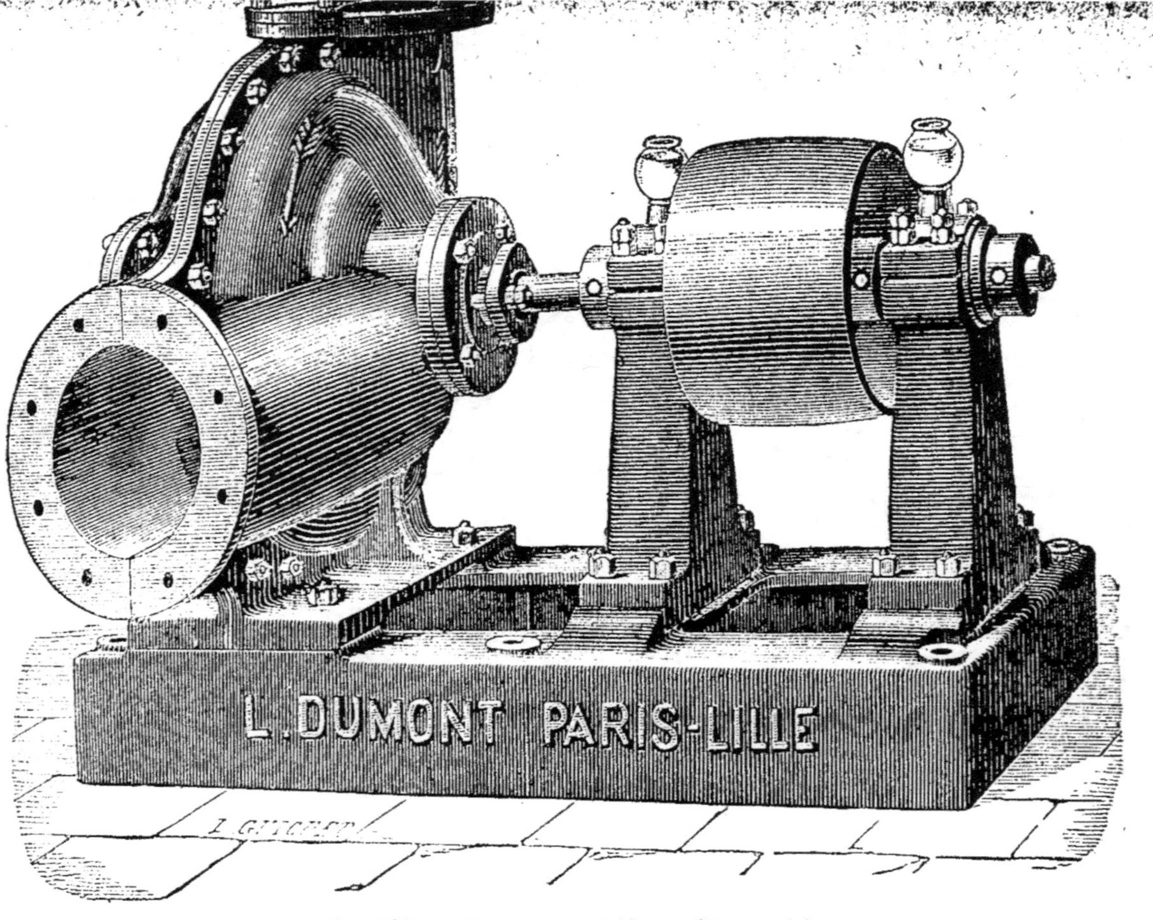

Fig. 108. — Pompe centrifuge. (Dumont.)

quemment de place, comme dans le cas des submersions. on a intérêt à fixer la pompe sur un **chariot** à 4 roues (fig. 109).

Certaines pompes sont montées directement sur le bâti d'une locomobile (Millot, Pilter, Boulet, Beaume,

Fig. 109. — Pompe centrifuge locomobile. (Hidien.)

Gwynne); d'autres fois, la pompe est portée par un petit chariot à deux roues que l'on boulonne à l'avant-train d'une locomobile (Gwynne, Hornsby, etc.).

Les pompes centrifuges ne peuvent pas *s'amorcer* (on dit encore *allumer*) seules, on est obligé de les remplir d'eau et de les mettre en mouvement lorsque le tambour est noyé. L'amorçage ou allumage se fait en remplissant la pompe ou en y élevant l'eau à l'aide d'un éjecteur dont le principe est identique à celui de l'injecteur décrit dans le volume précédent [1].

1. Voir les *Machines agricoles*, 2e série, p. 34.

Le rendement des pompes centrifuges oscille entre 33 et 60 pour 100, et en général ne dépasse pas 50 pour 100; dans ce dernier cas, une pompe mue par une machine à vapeur n'élève que 180 mètres cubes à 1 mètre de hauteur par heure et par poncelet de 100 kilogrammètres.

Avec le rendement de 33 pour 100, la pompe n'élève à 1 mètre de hauteur que 118 mètres cubes par heure et par poncelet.

V. Béliers hydrauliques.

En 1772, l'horloger Whitehurst, de Derby, en Angleterre, avait combiné, pour élever les eaux nécessaires à une brasserie, un bélier qui nécessitait une personne pour la manœuvre des robinets. Le premier bélier à marche automatique fut construit en 1796 par le célèbre Montgolfier. Ce n'est guère que depuis une quinzaine d'années que ces machines se sont perfectionnées et sont devenues d'une application courante.

La figure 110 représente la coupe schématique d'un bélier hydraulique. La conduite de prise d'eau se raccorde avec le corps du bélier en A, et se termine par un orifice B garni d'une soupape d'arrêt P. Sous la charge constante, l'eau s'écoule avec une vitesse uniformément accélérée qui, lorsqu'elle atteint une limite, entraîne la soupape P chargée d'obturer l'ouverture B. La colonne d'eau, subitement arrêtée dans son écoulement, sous l'influence de sa force vive produit un coup de bélier, réagit sur les parois du tube A, soulève la soupape C et fait pénétrer une certaine quantité de liquide dans le réservoir de compression D. Dès que la force vive s'est ainsi dépensée, le clapet

P retombe, débouche l'ouverture B, et l'eau s'écoulant de nouveau prépare ainsi un nouveau coup de bélier.

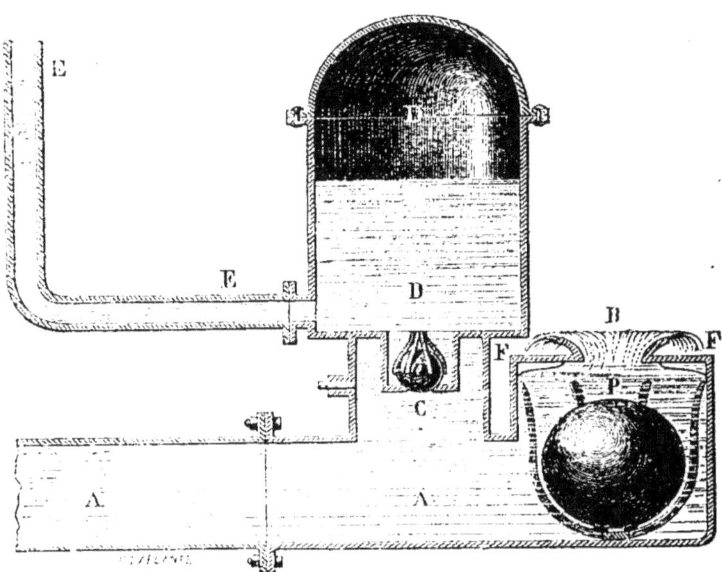

Fig. 110. — Coupe d'un bélier hydraulique.

A chaque coup ou battement de la soupape P, une certaine quantité d'eau pénètre dans le réservoir D en comprimant l'air qui y est contenu à la partie supérieure; l'eau ainsi refoulée s'échappe par le tuyau latéral E dans la conduite d'ascension ou de refoulement, qui l'élève à l'endroit voulu, situé à un niveau supérieur à celui de la chute.

L'eau refoulée entraînant avec elle une petite quantité de l'air contenu dans le réservoir D, il convient de la remplacer continuellement afin d'obtenir le meilleur rendement possible; l'alimentation automatique d'air se trouve dans les béliers perfectionnés de Bollée et de Durozoy. Sur la conduite de prise d'eau est branché un petit tube vertical terminé par une petite soupape spéciale appelée *reniflard*. Lorsque l'eau s'écoule par le clapet, le niveau descend dans le tube vertical en aspirant, par une soupape, l'air extérieur ; au moment du coup de bélier, l'eau remontant brusquement ferme la soupape du reniflard, force l'air comprimé à soulever une autre soupape et à pénétrer par un tube spécial dans le réservoir de compression : c'est donc une pompe à air dont l'eau joue le rôle de piston.

Ces béliers perfectionnés, avec pompe à air, donnent un rendement de 65 pour 100, rendement qui est très élevé si l'on considère que la machine est en même temps motrice et réceptrice.

Les béliers répandus en agriculture dérivent des modèles américains, dépourvus de pompe à air ; ils se réduisent simplement au tuyau moteur, au clapet d'écoulement et au réservoir de compression, duquel débouche le tuyau de refoulement (fig. 111). Ces béliers peuvent élever le 7ᵉ de l'eau à 5 fois la hauteur de chute ou le 14ᵉ de la même quantité à 10 fois cette hauteur, et ainsi de suite dans la même proportion.

La longueur de la tige du clapet est réglable au moyen d'écrous, afin de faire varier le nombre des battements, ce qui permet par suite de régler le bélier suivant le débit de la chute.

Les béliers exigent une chute d'au moins 0 m. 50 à 0 m. 65 de hauteur ; le tuyau moteur doit avoir une longueur déterminée de 7 m. 50 au moins à 20 mètres ; lorsque la distance du bélier à la chute est plus petite que ce chiffre, on donne une longueur suffisante au tuyau moteur en le roulant sur lui-même en spirale.

Il y aurait encore à citer : le bélier-pompe, qui utilise une chute motrice d'eau impropre à la consommation (eaux sales, de lavoir, etc.) pour agir sur une pompe à diaphragme chargée d'élever les eaux potables; le bélier aspirant de Leblanc employé dans les épuisements, etc.

L'ingénieur Eytelwein, qui fit à Berlin en 1804 près de 1 123 expériences sur deux béliers hydrauliques,

Fig. 111. — Bélier hydraulique Douglas.

donne les dimensions suivantes du bélier reconnu le plus avantageux (d'après Claudel) :

Tuyau moteur.	Longueur	13^m,33
	Diamètre	0^m,0588
	Section	0^{mq},002715
Tuyau de refoulement.	Diamètre..............	0^m,0268
	Section...............	0^{mq},0005641
Capacité du réservoir d'air..........		0^{mc},0088
Aire de l'ouverture de la soupape d'arrêt.........................		0^{mq},0024

Après Eytelwein, d'Aubusson, puis le général Morin étudièrent les béliers et fixèrent les règles empiriques relatives à l'établissement de ces machines.

Quoique le rendement ne soit guère modifié lorsque le clapet moteur est noyé, il convient d'établir les béliers de telle sorte que cette soupape ne soit noyée que pendant les crues accidentelles du bief d'aval.

Une très belle installation agricole de béliers hydrauliques a été faite par M. l'ingénieur Sciama dans sa propriété de la Chateline, commune de Bussière-Galand (Haute-Vienne), pour l'irrigation de 53 hectares 1/2 de prairies. Voici quelques chiffres cités à ce sujet par Barral, dans son rapport de 1884.

L'installation comporte deux béliers de Bollée accouplés, le premier refoulant dans le second. Les prairies à arroser sont établies sur 4 étages, élevés de 0 à 6 mètres, de 6 à 9 mètres, de 9 à 12 mètres et de 12 à 14 mètres au-dessus du niveau de l'étang qui alimente le premier bélier.

Ce bélier est à 3 m. 20 en contre-bas de l'étang et élève 17 litres d'eau par seconde à une hauteur de 6 mètres au-dessus de la chute; ces eaux alimentent le second bélier, qui refoule l'eau à 14 mètres au-dessus du niveau de l'étang.

Un jeu de robinets permet de régler la hauteur de l'ascension de l'eau suivant l'étage de la prairie à irriguer.

Lorsque l'eau est élevée a 6 mètres,
on obtient........................... 17 litres par seconde
Lorsque l'eau est élevée à 9 mètres,
on obtient........................... 12 —
Lorsque l'eau est élevée à 12 mètres,
on obtient........................... 9 —
Lorsque l'eau est élevée à 14 mètres,
on obtient........................... 7 —

Cette belle installation, qui, en bloc, a coûté 10 000 francs, comprend 400 mètres de conduites en fonte, de 0 m. 15 de diamètre interne, qui sont revenus à 10 francs le mètre courant.

Un seul homme est employé à l'entretien des béliers, à la manœuvre des robinets, à la conduite des irriga tions et à la réparation des rigoles.

FIN

TABLE DES MATIÈRES

CHAPITRE VIII

Coulommiers. — Imp. PAUL BRODARD.

L'HISTOIRE DE FRANCE

RACONTÉE PAR LES CONTEMPORAINS

EXTRAITS

DES CHRONIQUES ET DES MÉMOIRES

PUBLIÉS PAR

B. ZELLER

Répétiteur à l'École polytechnique, maître de conférences à la Sorbonne

ET SES COLLABORATEURS

Format petit in-16, avec de nombreuses gravures.
Chaque volume, 50 cent.

L'histoire de notre pays a été présentée sous bien des formes. Mais c'est dans les écrivains contemporains des événements dont ils sont les narrateurs qu'elle se montre plus vivante et plus vraie. A une époque où le goût public s'est épris des recherches exactes et tend à remonter dans toutes les sciences aux sources mêmes de la vérité, une histoire de France dans laquelle les contemporains seuls ont la parole pour raconter ce qu'ils ont vu par eux-mêmes ou appris soit de témoignages authentiques, soit de traditions très rapprochées du temps où ils écrivent, doit être bien accueillie.

L'Histoire de France racontée par les contemporains se compose déjà de 66 volumes, et s'étend actuellement depuis les origines jusqu'à la mort de Henri IV. C'est un ensemble complet sur la partie la plus longue de notre histoire.

Sous une forme commode et économique, elle présente un tableau suivi, quoique emprunté à des auteurs différents, des événements, des mœurs, des institutions. De courtes notes explicatives, des analyses aussi succinctes que possible, font connaître les auteurs cités et rattachent les uns aux autres les morceaux qui leur sont empruntés. Cette petite collection vulgarisera la connaissance de nos historiens nationaux ; elle en donne la substance et les rend accessibles à tous.

Le choix des gravures qui accompagnent le texte est inspiré du même esprit. On s'est attaché à ne donner que des images authentiques, tirées aussi, autant que possible, des documents contemporains.

LISTE DES OUVRAGES PUBLIÉS AU MOIS DE MAI 1890

1 La Gaule et les Gaulois.

2 La Gaule romaine.

3 La Gaule chrétienne.

4 Les invasions barbares en Gaule.

5 Les Francs Mérovingiens : Clovis et ses fils.

6 Les fils de Clotaire : Frédégonde et Brunehaut.

7 Rois fainéants et maires du palais.

8 Charlemagne. (En collaboration avec M. Darsy.)

9 La succession de Charlemagne : Louis le Pieux.

10 La succession de Charlemagne : Charles le Chauve.

11 Les derniers Carolingiens. (En collaboration avec M. Bayet.)

12 Les premiers Capétiens. (En collaboration avec M. Luchaire.)

13 Les Capétiens du xii⁶ siècle : Louis VI et Louis VII. (En collaboration avec M. Luchaire.)

14 Philippe Auguste et Louis VIII. La royauté conquérante (En collaboration avec M. Luchaire.)

15 L'empire français d'Orient, la IV⁶ croisade.

16 Saint Louis.

17 Philippe le Hardi. Mœurs et institutions du xiii⁰ siècle.

18 Philippe le Bel et ses trois fils. Les rois administrateurs (En collaboration avec M. Luchaire.)

19 Philippe VI et Robert d'Artois.

20 La guerre de Cent Ans : Jean le Bon.

21 Le dauphin Charles et la commune de Paris.

22 La grande invasion anglaise; la paix de Brétigny.

23 Charles V et Du Guesclin.

24 Charles V, sa cour et son gouvernement.

25 Charles VI, le gouvernement des oncles; les Marmousets; la Folie.

26 Louis de France et Jean sans Peur ; Orléans et Bourgogne.

27 Les Armagnacs et les Bourguignons; la Commune de 1413.

28 La France anglaise; Azincourt et le traité de Troyes.

29 Charles VII et Jeanne d'Arc. (En collaborat. av. M. Luchaire.)

30 Charles VII, la Monarchie absolue. (En collaboration avec M. Luchaire.)

31 Louis XI, son gouvernement. (En collaborat. av. M. Luchaire.)

AUTRES OUVRAGES DE M. B. ZELLER

A LA LIBRAIRIE HACHETTE ET Cie

RICHELIEU. 1 vol. in-16.
HENRI IV. 1 vol. in-16.
RICHELIEU ET LES MINISTRES DE LOUIS XIII. (Ouvrage couronné par l'Académie française. Second prix Gobert 1881 et 1882.) 1 vol. in-8.

A LA LIBRAIRIE PERRIN ET Cie

HENRI IV ET MARIE DE MÉDICIS. (Ouvrage couronné par l'Académie française.) 1 vol. in-8.

LE CONNÉTABLE DE LUYNES; MONTAUBAN ET LA VALTELINE. (Ouvrage couronné par l'Académie française. Second prix Gobert 1881 et 1882.) 1 vol. in-8.

Coulommiers. — Imp. PAUL BRODARD.